U0340616

财经素养教育童话

森林银行

收入与消费

沈映春　冯泓树　著

西南财经大学出版社
Southwestern University of Finance & Economics Press
中国·成都

图书在版编目(CIP)数据

森林银行.收入与消费/沈映春,冯泓树著.—成都:西南财经大学
出版社,2024.1
ISBN 978-7-5504-6077-5

Ⅰ.①森… Ⅱ.①沈…②冯… Ⅲ.①财务管理—少儿读物
Ⅳ.①TS976.15-49

中国国家版本馆 CIP 数据核字(2024)第 006119 号

森林银行:收入与消费
SENLIN YINHANG:SHOURU YU XIAOFEI

沈映春　冯泓树　著

总　策　划:李玉斗
策划编辑:肖　翀　何春梅　徐文佳
责任编辑:肖　翀
助理编辑:徐文佳
责任校对:邓克虎
封面设计:星柏传媒
责任印制:朱曼丽

出版发行	西南财经大学出版社(四川省成都市光华村街 55 号)
网　　址	http://cbs.swufe.edu.cn
电子邮件	bookcj@swufe.edu.cn
邮政编码	610074
电　　话	028-87353785
照　　排	四川胜翔数码印务设计有限公司
印　　刷	四川五洲彩印有限责任公司
成品尺寸	148mm×210mm
印　　张	4.125
字　　数	57 千字
版　　次	2024 年 1 月第 1 版
印　　次	2024 年 1 月第 1 次印刷
书　　号	ISBN 978-7-5504-6077-5
定　　价	35.00 元

前言

　　财经素养教育是核心素养教育的重要内容之一。北京航空航天大学经济学会作为一个有22年历史的大学生学术团体，致力于经济学的研究和经济、金融知识的普及。曾几何时，在一些大学校园里"校园贷"屡禁不止，有些学生在信用消费中陷入债务陷阱。究其原因，除了学生法律意识不强之外，金融知识缺乏和风险防控意识淡薄是主要因素。因此，财经素养教育迫在眉睫，应从小抓起。"森林银行"系列丛书，旨在对少年儿童进行财商培养和经济学启蒙。

森林银行：收入与消费

　　财商是一种认识金钱、管理金钱、驾驭金钱的能力，与智商、情商共同构成现代社会三大不可或缺的素质。少年儿童阶段是财商教育的黄金时期，对少年儿童财商的培养有利于让孩子对金钱和财富有积极的、正面的认识，并促使其养成良好的财富管理习惯，逐渐学会自我管理，规划自己的人生。

　　"森林银行"系列丛书分为收入与消费、储蓄与投资、风险与保险三个板块。从森林中"苹果城"里的主人公——狐飞飞、兔小葵、熊猫阿默、山羊老师等动物们的日常生活开始讲述，巧妙地融入金融、经济学概念和原理，深入浅出，用故事方式多层次、立体化地培养理财的思维方式，让孩子们不仅认识钱、会管钱、会花钱，而且培养其积极的生活、学习、工作的习惯。

　　了解"收入与消费"，是财商启蒙的重要环节。《森林银行：收入与消费》通过童话故事让孩子们了

2

解"钱"的来源，知道有劳有得。付出的劳动不一样，创造的价值和财富就不一样。劳动获取报酬，劳动量不同，报酬就不同；付出的劳动越多，报酬就越高。但要通过诚实的劳动获得合法合规的收入。收入可以用来消费。我们在生活中会花钱进行各种消费，但要进行合理消费，"取之有道，用之有度"，才是健康的金钱观和消费观。

在本书中，狐飞飞因一时冲动借钱买高价游戏机，就是非理性消费。这表达了"想要"与"需要"的区别，引导孩子们处理金钱与欲望的关系，学会延迟满足，养成节约习惯，合理使用自己的零花钱，把钱花在最有价值的地方。狐飞飞给兔小葵送生日礼物，则能让孩子们懂得在同学交往中的消费，不在于物质，更在于情感和心意。

储蓄是孩子们最能明白和接受的理财概念。孩子们需要一些可支配的零花钱，把暂时不用的钱存起来。

书中的狐飞飞帮牛爷爷摘草莓，帮乌龟奶奶送牛奶，攒下不少零花钱，把不花的钱放进储蓄罐。这个故事能让孩子们懂得钱的来之不易，知道珍惜，并享受支配这笔钱的权利——购物，或者去游乐园，或者捐给贫困地区需要帮助的孩子们。这教会了孩子们努力、分享、给予、爱比金钱更重要，从而逐步养成他们承担责任、给予帮助、友好亲和等优秀的内在品质。

除了这些金融知识外，本书还包含不少经济学知识，如不论是我们吃的面条等食物还是享受游乐园过山车的服务，它们都是"商品"，包含了使用价值和价值；购买商品除了传统的现金支付外，还有扫码支付和刷脸支付等新型支付方式。除了个人拥有的私人物品外，还有公共产品。政府为了让居民更加幸福，会修建学校、医院、道路、花园等，这些都是公共支出，来源于政府税收。

目录

1

角色介绍

● 狐飞飞

有着一身火红色皮毛，还有长长的狐狸尾巴。性格活泼，好奇心强，乐于助人，阳光开朗，但有时候会惹出不小的麻烦。最喜欢草莓冰淇淋，以及玩具小汽车。

● 兔小葵

雪白的小兔子，长着两只长长的大耳朵。性格文静，不爱运动，是班里的学习委员，很受同学们的欢迎。喜爱葵花和漂亮的裙子。

● 熊猫阿默

长着小圆脸，有一双大大的黑眼圈。不善言辞，很有主见，经常和狐飞飞在一起玩。喜欢读书和旅行。

● 山羊老师

戴着一副小小的眼镜，性格和蔼，有耐心，是小朋友们最喜欢的老师。喜欢和孩子们一起玩，爱好画画。

引言

在静谧无垠的森林深处，有一座漂亮的城市，叫作苹果城，城里处处种满了苍翠的苹果树，树上结着香甜多汁的苹果，每到苹果收获的季节，这里处处都飘满苹果清甜的芬芳。

在城市正中央的森林广场上，有一棵与众不同的苹果树。它的树干是金色的，树叶是金色的，就连结的苹果，也是金灿灿的！

据说，这棵金苹果树是森林银行的老行长——金猪先生种下的。最初种下的时候，它还只是一颗普通

3

的苹果种子，可不知道从什么时候开始，它慢慢长成了一棵金灿灿的大树，再然后，它竟然结出了金色的苹果！

苹果城的科学家们对着这棵不一样的苹果树观察了很久很久，终于得到了一个惊人的发现：只要苹果城里的动物们做出有意义的经济行为，金苹果树就会结出一颗圆滚滚的苹果；可一旦动物们做出不恰当的经济行为，金苹果树就会掉落一片叶子。

原来，这是一棵充满智慧的苹果树啊！

金猪先生将这棵树捐给了苹果城政府，而苹果城政府也将这棵树视为国宝，为它修建了一座宽阔的森林广场。

现在，这棵繁茂的金苹果树正在孔雀市长的指导下，被市民们精心呵护起来，在阳光下结出闪闪发亮的金苹果……

吃不到的草莓冰淇淋

"丁零零——"

下午五点，森林中心小学准时响起了放学铃，狐飞飞终于完成了一天的功课，他迫不及待地收拾好书包，打算和同小区的兔小葵一起结伴回家。

柔和的夕阳洒向种满苹果树的街道，森林中心小学的不远处，就是苹果城市民们引以为傲的金苹果广场。狐飞飞和兔小葵走在街道上，一边聊着校园里的趣事，一边闻着苹果树的甜香。突然，狐飞飞惊喜地发现，街角居然开了一家新的冰淇淋店！

冰淇淋店的招牌上画着诱人的冰淇淋球，有草莓味的、西瓜味的、巧克力味的……把狐飞飞馋得口水直流。店员长颈鹿姐姐举着手里刚刚做好的草莓冰淇淋，热情地招呼着两位小朋友。

"新店开业大酬宾，草莓冰淇淋只要 1 元钱一支哦!"

狐飞飞见状开心地跳起来，对兔小葵说道："小葵，你想不想吃冰淇淋?"

在苹果城里，没有小动物可以拒绝冰淇淋的诱惑，当然也包括兔小葵。

"当然想啊，可是妈妈要周末才会给我零花钱，我现在没有钱买冰淇淋。"兔小葵情绪低落地说。

狐飞飞听到后，也像忽然想起了什么，自言自语道："虽然妈妈昨天给了我零花钱，但是我周末还要去买汽车玩具，要是今天买了冰淇淋，我的零花钱就不够了。"

狐飞飞和兔小葵站在原地，一时都犯起了难。

就在这时，熊猫阿默从冰淇淋店里走出来。

熊猫阿默是狐飞飞和兔小葵的同班同学，更是他们的好朋友。他开心地和两人打招呼："飞飞，小葵，你们好啊！你们也打算来买冰淇淋吗？"

"我没零花钱了……"兔小葵遗憾地望着门口，不过她很快调整好了心情，"没关系！等下次我有了零花钱，再来买冰淇淋！"

然而此时，狐飞飞早已经控制不住自己想吃冰淇淋的渴望，一个箭步冲到长颈鹿姐姐身边，买下了一支草莓冰淇淋。兔小葵急忙想要阻拦狐飞飞，可还是晚了一步，只能暗暗叹了口气。

……

狐飞飞现在正发愁，昨天自己在美食的诱惑下，一时冲动买了一支冰淇淋，结果这周末就不能买到自己喜欢的汽车玩具。

兔小葵现在也在发愁，她默默盘算着下次发零花钱的时间，期待能够早点吃到草莓冰淇淋。

"兔小葵，汽车玩具需要花 10 元钱才能买到，你说为什么它不能像冰淇淋一样都卖1元钱呢？"狐飞飞趴在课桌上问。

"我也不知道，要不我们去问一下山羊老师吧！"

在办公室里，山羊老师捋着胡须，笑着听两人的提问。他慢悠悠地问两人："兔小葵，狐飞飞，要是下周妈妈给你们很多很多零花钱，你们会去买什么啊？"

"要是有很多很多零花钱，我就要买好多好多漂亮的裙子！"兔小葵抢先说。

"我要买好多好多汽车玩具！多到柜子都放不下！"狐飞飞紧跟着兴奋地说。

当兔小葵和狐飞飞还沉浸在美妙的幻想之中时，山羊老师却笑眯眯地泼了一盆冷水："可是你们现在的零花钱，连买一支小小的冰淇淋都不够哦。"

狐飞飞和兔小葵顿时像泄了气的皮球。

"山羊老师，我感觉我的爸爸妈妈好小气，你看熊猫阿默就有很多零花钱，他每天都可以吃冰淇淋。"

狐飞飞嘟着嘴，显得十分委屈。

山羊老师听到这里，明白了两位小朋友的烦恼所在，他捋了捋胡须，又扶了扶眼镜，笑着问："你们知道为什么熊猫阿默有很多零花钱吗?"

"不知道。"狐飞飞和兔小葵对视一眼，异口同声地说。

"走吧，我们一起去牛爷爷的农场看看就知道了。"山羊老师笑着说道。

9

摘草莓换零花钱

牛爷爷的农场在森林中心小学附近，山羊老师、狐飞飞、兔小葵很快就到了。

牛爷爷的农场可大了，西边种了草莓，东边种了苹果，北边还有一片好大好大的麦田。下课的时候，狐飞飞就喜欢望着这片麦田。

"山羊老师，我们为什么要来农场啊？"兔小葵不解地问。

"你们别急。"山羊老师指着不远处一块种满了草莓的田地，"你们看看，是谁在那里摘草莓？"

两人定睛一看，草莓田里的居然是熊猫阿默！只见阿默熟练地把草莓摘下来，放进篮子里去，不一会就装满了一个篮子。

还没等狐飞飞与兔小葵向熊猫阿默打招呼，农场的主人——牛爷爷，就先一步笑眯眯地走过来。

"山羊老师，两位小朋友，今天怎么有空来我的农场做客啦？"

牛爷爷话音刚落，狐飞飞就跳起来率先问道："牛爷爷，阿默怎么会在您家的农场里摘草莓呢？"

"哈哈哈，原来你们两个小朋友是来找阿默的啊。阿默从上个月开始，就一直来我的农场帮我摘草莓，每摘一篮子草莓，我就给阿默 1 元钱的报酬哦！"

"1 元钱？!"两个小朋友惊讶地合不拢嘴。要知道，两人心心念念的草莓冰淇淋，价格正好是 1 元一支。

看到这里，山羊老师明白，给两位小朋友上课的时候到了。

"狐飞飞，兔小葵，阿默这种获得零花钱的方式跟你们的方式有没有什么不同？"山羊老师问道。

"阿默是通过摘草莓，从牛爷爷那里赚到了零花钱，我们是直接找爸爸妈妈要零花钱。"兔小葵认真想了想，回答了山羊老师。

"对了，小朋友们，其实在我们苹果城里，大部分动物都是通过阿默这样的方式来获得钱，然后再用赚来的钱购买其他物品的，只有像你们一样还在上学的小朋友，才能直接从爸爸妈妈那里领到零花钱。"

"这叫通过劳动获得报酬。"站在一边的牛爷爷补充道。

"山羊老师，可是我记得爸爸妈妈的工作不是摘草莓啊，那他们为什么可以像阿默一样拿到钱呢?"狐飞飞略加思考，问道。

"这是因为每个人从事的工作是不同的。阿默摘草莓，这是在从事农业活动；狐爸爸是图书管理员，要负责整理图书；而狐妈妈就职于森林银行，这是经常要和钱打交道的工作；再比如山羊老师我，日常的工作就是要教小朋友们各种知识……大家的职业各有不同，虽然工作内容不一样，但大家都是通过劳动来获取报酬。"山羊老师笑着回答道。

"原来是这样！那每一种职业赚的钱都一样多吗？"一直在思考的兔小葵问道。

"哈哈哈，当然是不一样的。"牛爷爷一边笑一边指向一旁的苹果树，"在爷爷的农场，摘一筐苹果可以得到2元钱哦。"

"2元钱！"狐飞飞兴奋地喊了起来。

"可是牛爷爷，你的苹果都好大好重，苹果树也长得好高，我们好像根本够不到啊……"兔小葵竖起两只长耳朵，认真思考着。

13

牛爷爷对着兔小葵竖起大拇指："哈哈哈，兔小葵真聪明，竟然这么快就发现了问题的关键。你们想一想，摘苹果是不是比摘草莓更累一些啊，正是因为更累一些，会付出更多的劳动，所以摘苹果的报酬才会比摘草莓的要多。"

狐飞飞不甘示弱："我也明白了，爸爸妈妈也会因为付出劳动量的不同，而得到不同的报酬！"

"没错，你们两个人都很聪明。"山羊老师欣慰地笑了。

又跟牛爷爷讨论了一会，山羊老师就带着两位小朋友回学校了。

走在路上，狐飞飞突然转头看向山羊老师："老师，我喜欢吃草莓冰淇淋，未来可以把卖冰淇淋当作我的职业吗？"

"当然了，我们都会根据自己的爱好和特长去选择自己的职业。如果狐飞飞喜欢草莓冰淇淋，就可以选择开一家冰淇淋店；灰熊叔叔身体强壮，他就很适合当警察来保护大家；山羊老师我呀，喜欢跟小朋友们待在一起，所以选择了当老师……"

听到这里，狐飞飞转过头，对兔小葵说："我决定了，未来我要开冰淇淋店，天天吃草莓味的冰淇淋，还有巧克力味的、香草味的、蜜瓜味的……很多口味的冰淇淋！"

听到这里，山羊老师和兔小葵都忍不住笑出了声。

能赚钱的熊猫爸爸

狐飞飞今天很高兴，因为他马上要去熊猫阿默家里做客了！

昨天，狐飞飞在牛爷爷的农场帮助牛爷爷摘草莓的时候，熊猫阿默突然凑过来问："飞飞，你摘了多少草莓了？"

狐飞飞很奇怪，问："我摘了快半筐了，阿默有什么事吗？"

被狐飞飞这么一问，熊猫阿默不好意思了，红着脸说："唉，我现在也差不多摘了半筐，可是我爸爸叫我今天下午四点钟要从农场出发，早点回家。"

"四点就走吗？"狐飞飞看了看手表，"现在已经快到时间了，但你的草莓还没摘完呢。"

"对啊，我肯定摘不满一筐了，可是牛爷爷说了，只有装满了一筐才会给我付这一筐的钱。"

熊猫阿默的脸更红了，声音也越来越小了，他艰难地开口："所以我想让你帮我把我的这一筐草莓也摘满，然后一起给牛爷爷，毕竟我也摘了半筐了，实在是舍不得。"

听到这里，狐飞飞已经明白了阿默的难处，他笑眯眯地说道："当然没问题了，阿默，咱们可是好朋友啊！"

"那太好了！"熊猫阿默一下子就笑了起来，抬起头，感动地看着狐飞飞。

"你放心，我也知道摘草莓很累。为了感谢你，明天晚上我请你来我家吃晚饭吧！"

"好，一言为定！"

狐飞飞开心极了，哼着小曲摘着草莓，很快就装满了两篮子草莓。

第二天，在去熊猫阿默家的路上，狐飞飞突然想起，好像还没有其他伙伴去过阿默家里做客。

阿默不像其他小动物一样爱热闹，过生日的时候从不会邀请同学们来自己家里聚会。

想到这里，狐飞飞加快了脚步，他十分好奇，想早点看看熊猫阿默的家。

"大树路 1 号……"狐飞飞一边叨念着熊猫阿默给的地址，一边看着路边的指示牌。

终于，狐飞飞找了大树路 1 号，映入眼帘的高大建筑让狐飞飞大吃了一惊！

一、二、三，狐飞飞用手指数着，三层！原来熊猫阿默家住的是一栋三层小楼！小楼外墙还刷着金黄色的油漆，在阳光的照射下显得金灿灿的，看起来十分漂亮。

"狐飞飞，在这里！"镂空样式的金属大门后面，传来熊猫阿默的声音，大门也随之打开，熊猫阿默领着狐飞飞走进这金灿灿的楼里……

17

晚上，狐飞飞回到家中，兴奋地和爸爸妈妈讲着今天去熊猫阿默家做客的事。

狐爸爸和狐妈妈正在客厅里看电视，他们看着儿子开心的笑脸，也跟着开心地笑起来。

"爸爸妈妈，熊猫阿默家的房子好大好大！我从来没见过这样大的房子！"狐飞飞惊讶地说。

"哈哈哈，那是当然，熊猫爸爸可是咱们苹果城的大科学家，我们吃的美味的苹果都是熊猫爸爸研发出来的。另外，关于金苹果树的研究，熊猫爸爸也出了不少力。"狐爸爸笑着说。

"熊猫爸爸的工作可是很辛苦的，他经常一连好多天都待在实验室里面，专注新品种苹果的研究，所以他的工资很高。"狐妈妈笑着补充。

"哇，没想到熊猫叔叔这么厉害。"狐飞飞感叹道，"但是，如果工资和工作时间有关系，那爸爸不是也经常加班嘛，为什么爸爸的工资和熊猫叔叔的不一样呢？"

狐妈妈笑了一声，将儿子搂在怀中："那是因为，爸爸的工作内容跟熊猫叔叔的不一样啊。"

"爸爸和熊猫叔叔都在上班，这叫劳动，然而，因为他们职业的不同，他们所付出的劳动量实际上是不同的。"

"熊猫叔叔的劳动，具有很高的价值，他所生产的产品也很稀有，整个苹果城只有熊猫叔叔能研发出新品种的苹果，其他动物都不能做到。这样一来，熊猫叔叔的劳动很难被替代，自然熊猫叔叔的工资就很高。"

"而爸爸在图书馆工作，虽然工作也很辛苦，时常要付出很多劳动，但是因为苹果城不止一家图书馆，还有不少像爸爸一样的图书管理员，爸爸的劳动自然就不像熊猫叔叔那样有更大的影响力，所以虽然爸爸也经常加班，但是他的工资没有熊猫叔叔高。"

"原来是这样。"狐飞飞嘀咕着，转头又提出了一个新问题，"那要怎样才能使自己的劳动更值钱呢?"

"那就要像熊猫叔叔一样，学会很多很多的知识，为社会做出更大的贡献，这样你的劳动成果就很重要，你的劳动自然就值钱了。"

听完爸爸妈妈的解释，狐飞飞一时间特别兴奋，他心想着：我也要好好学习，将来像熊猫叔叔那样，为苹果城的未来做出贡献，也让爸爸妈妈住上更大的房子！

劳动最光荣！

第二天，狐飞飞准时来到学校。一到教室，狐飞飞就迫不及待地跟大家聊起熊猫阿默的家来。

"他家的房子金灿灿的，可好看了。"

"哇，真的是这样啊，我之前还路过那里，没想到居然是阿默的家。"

"阿默在学校里很少说话，没想到他的爸爸居然这么厉害，怪不得阿默的数学成绩那么好。"

……

大家你一句，我一句，不停地讨论着，没人注意到脸越来越红的熊猫阿默，已经默默移到教室的最后一排了。

狐飞飞很高兴，因为大家都更喜欢熊猫阿默了。

"要是我爸爸也能像熊猫爸爸一样挣好多好多钱就好了。"忽然，不知道是谁说出了这样一句话。

听到这句话，小动物们纷纷陷入了思考。

"可是我的爸爸妈妈也很厉害，他们都是警察，其他动物也都很尊敬他们。"灰熊朵朵说道。

"但是你家里没有住三层小楼，你的爸爸还是没有熊猫爸爸厉害！"顽皮的麻雀笑笑大声反驳。

灰熊朵朵想要说些什么，但他的爸爸妈妈确实不像熊猫爸爸一样会赚钱，一时又急又气。

这下大家都犯了难，自己的爸爸妈妈究竟厉不厉害，难道挣得钱多就是厉害吗？

"丁零零——"

就在这时，上课铃响起，山羊老师踩着铃声走进教室，却发现今天的小朋友们很反常，大家不但没有回到自己的座位，反而聚在一起，像是在争论什么。

"小朋友们，上课了，要安静。"山羊老师严肃地敲了敲黑板，"大家怎么都不回座位，发生什么事了？"

"山羊老师，我来说吧。"狐飞飞左右看了看沉默的大家，实在忍不住了，他想让山羊老师听一听大家的疑惑，告诉大家究竟谁的爸爸妈妈才是最厉害的。

"山羊老师，熊猫爸爸能挣很多钱，大家都觉得阿默的爸爸很厉害。可是大家也觉得自己的爸爸妈妈很厉害，但是他们又不能像熊猫爸爸一样挣好多好多钱。究竟谁的爸爸妈妈更厉害呢？"

听完狐飞飞的话，山羊老师终于解开了疑惑，他点了点头："原来是这样。大家有这样的疑惑很正常，不过没关系，山羊老师可以为你们答疑解惑。这节课我正打算给你们讲讲劳动的内涵。"

"事实上，大家的爸爸妈妈都一样厉害。"山羊老师发现，当说完这句话，小动物们都抬起了头，目光亮闪闪地看着山羊老师。

"挣钱的多少，并不是衡量爸爸妈妈厉不厉害的主要标准，因为大家的爸爸妈妈，都在工作中付出了辛勤的劳动。"

"劳动?"除了狐飞飞，小动物们都对这个陌生的词语感到疑惑。

"对，劳动。"山羊老师笑了笑，继续说道，"爸爸妈妈工作，实际上就是进行劳动，虽然爸爸妈妈们的工作不一样，职业不一样，但是大家的工作实质上都是在劳动。"

"那既然爸爸妈妈们都是在付出劳动，那实际上他们都在为社会做出贡献，自然大家的爸爸妈妈都是一样厉害的。"

24

"哇，太好了，原来我的爸爸也跟熊猫爸爸一样厉害。"兔小葵小声对着狐飞飞说道。

麻雀笑笑若有所思，他认真想了想，举手问道："山羊老师，既然大家的爸爸妈妈都一样厉害，为什么他们挣的钱却不一样多呢?"

狐飞飞早已经知道这个问题的答案，却也好奇爸爸妈妈的回答和山羊老师是不是一样的，他竖起两只大耳朵，听得比其他小朋友都认真。

山羊老师赞许地看了看麻雀笑笑:"笑笑的问题问得很好。既然大家的爸爸妈妈都付出了劳动,那为什么挣的钱会不一样多呢?"

"这是因为大家的爸爸妈妈所进行的劳动不一样,创造的价值不一样,获得的财富也就不一样。就像熊猫爸爸,他开发出来的新品种的苹果,可以满足整个苹果城的市民的需求,这就有很高的价值,也因此为苹果城创造了很多财富,所以相对地,熊猫爸爸的收入就很高。"

25

"再拿山羊老师自己来举例子,山羊老师是你们的老师,我每天的工作就是给大家上课,教大家知识。山羊老师也付出了很多劳动,但是因为山羊老师的劳动只影响到了咱们班的同学,没有像熊猫爸爸一样影响整个社会。所以,山羊老师的收入就没有熊猫爸爸那样高。"

"但是小朋友们,你们要记住,每个人的爸爸妈妈都付出了劳动,劳动无贵贱,劳动最光荣,大家的爸爸妈妈都一样厉害。"

"原来如此。"麻雀笑笑挠挠头，向灰熊朵朵认真道歉，"是我不好，朵朵的爸爸妈妈也很厉害，和熊猫爸爸一样厉害！"

灰熊朵朵也笑了起来："没关系！笑笑的爸爸妈妈也很厉害！我们的爸爸妈妈都一样优秀！"

小朋友们都很开心，为自己的爸爸妈妈感到自豪，课堂上一片欢声笑语，山羊老师看到后十分欣慰。

金苹果广场上，高大的金苹果树的叶子随风摇动，悄悄地结出了一枚金色的果子……

2 元钱的草莓？

这一天放学，小朋友们三三两两结伴而行，讨论着新布置的课后作业。校门口不远处忽然传来一声响亮的吆喝。

"大家瞧一瞧，看一看啊，新鲜的草莓，便宜又好吃的新鲜草莓！"

狐飞飞朝那头一看，原来是黄鼠狼叔叔在叫卖。

黄鼠狼叔叔有着长长的身体，短短的四肢，小小的眼睛总是眯成一条缝，再配上那皮笑肉不笑的表情，总让其他动物觉得他有些狡诈。

看到狐飞飞转头望过来，黄鼠狼连忙笑嘻嘻地推荐起他的草莓："狐狸小朋友，要不要来一些新鲜的草莓啊，都是刚刚摘的，保证好吃，保证新鲜！"

狐飞飞忍不住走过去，弯下腰仔细看了看草莓，因为经常帮牛爷爷摘草莓的缘故，狐飞飞现在也会一些判断草莓品质的基本知识。

狐飞飞仔细端详了一阵："草莓确实很新鲜，感觉品质也不错。"

"那是当然，我的草莓品质可好了，关键是它还便宜，才2元钱一筐呢！"

"2元钱？"狐飞飞心里面特别惊讶。要知道，牛爷爷的草莓可是卖5元钱一筐啊，而且牛爷爷的草莓已经是整个苹果城里比较便宜的草莓了。

28

狐飞飞心想："他的草莓这么便宜，一定有问题！"

"算了吧，黄鼠狼叔叔，我也不是很想吃草莓。"

狐飞飞笑了笑，退到一旁，给其他想要买草莓的小动物留出通道。

回家路上，狐飞飞一直在思考："黄鼠狼叔叔的草莓怎么会这么便宜，太奇怪了，要知道，单单是草莓种子和肥料的价格就超过2元钱了，更别提草莓从播种到成熟期间付出的劳动，黄鼠狼叔叔卖这么低的价格，难道不会亏钱吗？"

"要不要赶紧回学校去，问问山羊老师呢？"狐飞飞灵光一闪，可转念又想，"算了吧，也可能黄鼠狼叔叔的草莓是新品种，就是比别的草莓便宜呢……"

而不远处，夕阳下的金苹果树抖了抖树梢，悄悄掉落了一片珍贵的叶子。

第二天，狐飞飞一大早就跑来学校。昨晚黄鼠狼的草莓让他辗转难眠了一整夜，他始终想不明白，苹果城怎么会有这么便宜的草莓！

还没等狐飞飞思考出个所以然，山羊老师的声音就传到了他的耳朵里。

"小朋友们快坐下，我有重要的事情要和大家说。"

山羊老师走上讲台，脸上却不像平常一样带着和蔼的笑容，反而神情十分严肃。

"昨天，大家是否看到了校门口卖草莓的黄鼠

29

狼?"山羊老师环视了一周，严肃地问。

大家相互看了看，纷纷张口说看到了，还有几个小朋友说已经买了黄鼠狼的草莓。

山羊老师痛心地叹了口气："黄鼠狼卖的草莓，被灰熊警察发现是从牛爷爷的农场里偷来的!"

"什么! 怎么会这样! 居然是偷来的!"大家一时惊讶极了，有人替牛爷爷打抱不平，有人后悔自己买了黄鼠狼的草莓，班里一时炸开了锅。

狐飞飞坐在位子上，他的疑惑终于解开，却懊悔昨天没能及时发现，让一直辛苦的牛爷爷吃了好大的亏。

山羊老师见状连忙安抚大家的情绪："大家别担心，现在已经没事了，灰熊警察已经把黄鼠狼抓到了公安局，钱和剩下的草莓都还给了牛爷爷。"

"不过，小朋友们未来也要提高警惕。我们都知道，草莓要 5 元钱一筐，黄鼠狼的草莓只卖 2 元钱，实在太便宜了。大家以后再遇到这种价格明显不合理的东西，就要多多思考这背后的原因，这样才不会轻易上当哦。"

看了看同学们若有所思的反应，山羊老师舒展了眉头，接着说道：

"这件事也可以给大家上一课。大家还记得我们之前讲的爸爸妈妈的劳动吗？"

小朋友们一听便提起了精神，睁大眼睛看着山羊老师。

"上节课我告诉大家，大家的爸爸妈妈都可以通过工作来赚钱，是因为大家的爸爸妈妈都付出了劳动。但是赚了钱的一定都是合法的劳动吗？黄鼠狼去牛爷爷的农场偷草莓，再卖给你们这些不知内情的学生，他同样赚到了钱。但是，这种行为欺骗了大家，还给牛爷爷造成了损失，侵害了大家的利益，就不能称之为合法的劳动，在这个过程中赚取的所得，也理当收回！"

"所以小朋友们，你们一定要记住，不是所有赚钱的行为都是合法的行为，一定要在法律允许的范围内，用劳动换取回报。只有这样，得到的财富才是真正的财富！"

下课后，狐飞飞单独来到山羊老师的办公室。

"山羊老师，我现在很后悔，我昨天就意识到黄鼠狼叔叔的草莓价格过于便宜，但是没有阻止大家购买，让很多人吃了亏。尤其是牛爷爷，他平常对我那么好，我却没能保护他。"狐飞飞边说边愧疚地低下了头。

山羊老师慈爱地摸了摸狐飞飞的头："没关系，飞飞，不要过于自责。你有自我反思的意识，这非常好，但这件事该负主要责任的是黄鼠狼啊！你不要用他人的过错来惩罚自己。不过，我相信经历过这件事，你和班里其他小朋友都能牢牢守住法律的底线，等你们长大了，一定都是苹果城里的好公民。"

屏幕里的演唱会

苹果城的生活愉快又舒适，动物们一直乐于欣赏各式各样的文艺表演。在这其中，有一个最受市民们喜欢的表演团队，那就是"白绒绒长耳朵"组合。她们每次进行公开演出，苹果城的动物们都会争先恐后地前往观看，演出也是场场爆满，一票难求。

"今年还是跟以往一样火爆啊，新闻上说'白绒绒长耳朵'组合开始售票才 15 分钟，门票就被抢光了。"兔小葵爸爸放下手中的报纸，对兔小葵妈妈说。

"那当然！人家小兔子们唱歌多好听啊，跳的兔子舞还好看，兔爸爸你忘了吗，咱们上次为了抢到票，可是提前了好几个小时就去买票了。"

兔小葵房间里忽然传出一声响亮的"哼!"，很明显，声音的发出者可不太高兴。

兔爸爸无奈笑了，赶紧同兔妈妈一起来到女儿的房间，安慰起失落又生气的兔小葵。

兔爸爸说："哎呀，这不是因为我昨天正好加班嘛，我加完班立刻就去售票处了，但是还是晚了一步，实在是遗憾。"

"可我就是想看小兔子们唱歌跳舞！"一想到现在正在举行的演唱会，兔小葵就感觉心里笼罩了一层灰灰的阴云，难过得快要哭出来。

兔爸爸兔妈妈对望一眼，一时都不知怎么办才好。兔妈妈赶紧去厨房，做了兔小葵最爱吃的胡萝卜烤饼，也没能让兔小葵展露笑颜。

就这样，兔小葵心中的失落一直持续到了第二天早上。

"我给你说，小兔子们唱歌可好听了，我昨天坐在第一排，听得可清楚了！"

"真的真的，他们穿的小裙子也亮闪闪的，特别好看！"

听到班上同学们叽叽喳喳的讨论声和欢笑声，兔小葵更失落了，她忍不住想：为什么大家都去看了"白绒绒长耳朵"组合的表演，只有她一个人没看到。

"兔小葵，你昨晚去看了演唱会吗？"

兔小葵抬头一看，原来是好朋友狐飞飞来了。

"没有，我爸爸没抢到票。"兔小葵失落地耷拉起长耳朵。

"哎呀，别伤心，我其实也没看成，爸爸妈妈昨天带我去看望爷爷奶奶了。"狐飞飞耸了耸肩，弯下腰接着说，"不过妈妈说网上有演唱会现场录制的视频，还是分别从好几个角度拍摄的，声音和画面都很清楚呢。怎么样，今天放学我们一起看吧！"

"啊，那可太好了！谢谢你，狐飞飞！"

下午放学之后，兔小葵如约来到狐飞飞的家。在兔小葵和狐爸爸狐妈妈问好以后，狐飞飞就迫不及待

35

带着兔小葵来到狐飞飞的卧室，打开了电脑。

经过搜索，狐飞飞很快就找到了昨天演唱会的视频。

"找到啦找到啦，我们快一起看吧！"说着，狐飞飞按下播放按钮，可屏幕上却跳出来一串大大的字，字上写着："本视频为付费视频，请购买后观看。"字的下面还有一个方方正正、迷宫一样的黑白图案。

狐飞飞和兔小葵面面相觑，都不知道这是什么意思。

"别着急，我先去找妈妈来帮忙看看。"

狐飞飞起身去叫狐妈妈："妈妈！妈妈！您快来看，演唱会的视频竟然无法播放！"

很快狐妈妈就来到狐飞飞的卧室，还顺便带了两盘水果和点心。狐妈妈笑着安慰两人："飞飞，小葵，你们别急，先吃点东西，让我看看视频无法播放的原因。"

狐妈妈放下盘子，只看了一眼屏幕，就明白问题出现在哪里。

"飞飞，小葵，你们看。这是一个付费才能观看的视频，需要我们支付费用才能看视频哦。"望着两个孩子期盼的眼神，狐飞飞妈妈笑了，"好啦，会让你们看到的。"随后，狐飞飞妈妈拿出手机，对着屏幕下的像迷宫一样的图案一扫，视频很快就能播放了。

狐飞飞和兔小葵兴奋地拍起手，不过兔小葵却产生了一个疑问：

"阿姨，我很好奇，为什么我们看网上发布的视频，也需要像买东西一样给钱呢，我记得之前看的视频都不用给钱的。"

37

"对啊妈妈，这个视频也不像玩具车，付了钱买下它就可以拿在手里玩了，这个视频只在电脑里面，我们也摸不着啊。"

狐妈妈带着两位小朋友坐在沙发上，指着电脑上正播放画面的视频：

"飞飞，小葵，在咱们的生活中，你们花钱购买的商品并不只有你们看得到的部分，还有很多商品，是你们看不见的。像飞飞最爱的玩具车，你们最爱吃的草莓冰淇淋，这些你们看得见、摸得着，它们都是有形的商品。"

"有形的商品？那是不是看不见的商品，就是无形的商品呢？"飞飞转着脑子，很快就反应过来妈妈的意思。

"没错，飞飞！无形商品跟有形商品一样，都是动物们花费了时间、精力与资金才能创造出来的，但是，它们没有具体的形态。就像这次演唱会的视频，还有你们爱看的动画片，爱听的音乐，它们虽然不能被你们摸到，但同样是一种可以交易的商品，在付款之后，它们也会为我们所有。比如这个演唱会的视频，购买之后它就会一直存在于我的个人账号之中，你们什么时候想看，随时可以拿出来看。"

"原来如此！"狐飞飞和兔小葵终于明白了，虽然他们没有亲身参与演唱会，但观看演唱会的视频，仍然要支付一定的费用。

谜团解开，狐飞飞和兔小葵也终于开心地看起了独属于他们的屏幕里的演唱会。

"哇，小兔子们的歌唱得真好听。"

"是啊是啊，幸好有视频，不然错过了这么精彩的演唱会，真是太可惜了。"

狐飞飞和兔小葵边看边聊，你一句我一句，可兴奋了。

"狐飞飞，谢谢你邀请我来玩。"

等看完了演唱会的视频，时候也不早了，兔小葵也要回家了。

狐飞飞笑着挥了挥手："小事一桩，以后常来玩哦！"

39

会"魔法"的公鸡叔叔

跟其他小动物一样，狐飞飞有时候也会丢三落四，尽管狐飞飞自己从不承认。

"公鸡叔叔，我要一个草莓味的冰淇淋！"

"没问题，狐飞飞小朋友！你需要付1元钱哦！"

狐飞飞在很早之前就规划好了这周的零花钱用途，他专门给今天留出了1元钱，用来买他最喜欢吃的草莓冰淇淋。狐飞飞还特意把这1元钱放到了妈妈给他买的新钱包里，毕竟这样就绝对不会忘记钱放在哪里了。

"好的，公鸡叔叔！"

狐飞飞一边回答，一边在书包里翻找自己的新钱包。可他翻了一次又一次，还是没找到自己的钱包。

狐飞飞不禁疑惑："奇怪，我明明把钱放进钱包里了，可是钱包去哪了呢？"

"哎呀，糟糕，我只把钱放进了钱包里，却忘记把钱包放进书包里了！"狐飞飞回忆了一下今早的行为，十分懊悔地拍了一下自己的脑袋。

"对不起公鸡叔叔，我忘带钱包了，我今天就不吃冰淇淋了。"狐飞飞尴尬极了，小声说了一句之后连忙低着头，打算赶快离开这里。

"哎哎哎，狐飞飞小朋友，别急着走呀，你也可以尝试一下刷脸支付！哎！别走啊！"

41

可狐飞飞已经走远了，公鸡叔叔只好收回目光，向下一个小朋友推销起自己的冰淇淋。

晚上回到家里，狐飞飞第一时间找到了他的新钱包，原来，钱包端端正正放在书桌中间呢。

"唉，我怎么就忘记带钱包了呢。"狐飞飞叹了一口气，不过事已至此，如果再跑回去买冰淇淋，就会赶不上家里的晚饭了，狐飞飞只好作罢。

不过，狐飞飞隐约记起来，公鸡叔叔好像说了什么"刷脸支付"？

"刷脸支付是什么意思呢？听公鸡叔叔的意思，刷脸就可以不需要给他钱包里的钱，但是这样的话公鸡叔叔岂不是不能赚钱了？难道公鸡叔叔会一种神奇的魔法，可以用我的脸变出钱吗？"

"飞飞，准备出门吃饭了，今天我们去一家很好吃的餐厅。"狐爸爸的声音打断了狐飞飞的思绪，狐飞飞应了一声，准备出门。

"先生，这是您的账单，请问您想用什么方式进行支付呢？"

"扫码支付吧。"说着，狐爸爸拿出手机扫描了账单上那个像迷宫一样的图案，这个图案在上次购买演唱会的视频时也出现过。狐飞飞好奇地对着这个图案盯了一会，只见狐爸爸扫了图案，又在手机上输入了几个数字，似乎就完成了支付。没过多久，服务员天鹅哥哥就拿着一张发票递到了狐爸爸的手里。

"谢谢光临，这是您的发票。"

在回家的路上，狐飞飞再也忍不住了，他拉着爸爸妈妈的手问道：

"爸爸妈妈，我最近发现，你们有的时候付款不用钱，而是用手机，今天买冰淇淋的公鸡叔叔也说我可以刷脸支付，可是，手机和我的脸怎么能变出钱呢？"

狐爸爸和狐妈妈听了狐飞飞的话，哭笑不得，他们解释道：

43

"飞飞，所有人买东西都是要支付钱的，但是随着现代科技的发展，你所理解的最平常也最传统的钱——硬币和纸币，已经可以通过一些方式存储在电子账户之中。可以通过扫描二维码，或是通过人脸识别，来从你的电子账户中进行支出。这种方法类似于刷银行卡支付的方法，但比银行卡支付更为方便快捷。"

"飞飞你看，使用纸币支付，有时候会有很多不方便。比如你今天早上忘记带钱包，拿不出纸币，就无法进行支付。并且，纸币支付还有着一种风险，那就是容易遗失。如果把钱存在电子账户里，只需要带一部手机，就可以进行商品的交易。刷脸就更方便了，连手机都不必带出来。你想想看，这样是不是更加方便呀。"

"我明白了。所以并不是公鸡叔叔有魔法，也不是爸爸的手机很神奇，只是你们把钱放进了电子账户里，通过不同的方式使用而已！"

"没错，飞飞，你真是个聪明的孩子！"爸爸由衷地夸奖起来。

在森林银行工作的狐妈妈，可是更有发言权的。

"现在大家所说的扫码支付和刷脸支付，实际上还是通过你的电子账户进行支付。以往这个过程，是通过刷银行卡来体现的，但现在，我们已经不需要在刷卡机上面刷银行卡、输入密码才能付款，仅仅需要一部绑定了你电子账户的手机来扫描二维码，或者通过人脸识别技术，识别你本人的绑定银行卡，来代替之前的刷卡步骤。这样一来，支付就方便多了，人们也就不是只有带着钱和银行卡才能出门了。现在的苹果城市民，只需要一部手机就可以完成所有交易的支付。"

"所以，并不是大家支付不用钱，而是钱以一种你看不见的方式从一个人手中流通到另一个人的手中，使支付的方式变得简单了。"

经过爸爸妈妈的轮流讲解，狐飞飞更加清楚了。原来公鸡叔叔可以直接把钱收到他的电子账户里，不是只有纸币和硬币才是唯一的收钱凭证。

45

"但是，爸爸妈妈，这样会不会有安全问题呢？假如手机被别人捡走，别人拿手机扫描二维码买东西，那该怎么办？"

"一般来说，付款前都会输入电子账户的密码，想要用别人的电子账户支付，不知道密码可不行。而人脸识别的精确度也很高，在安全性方面基本上不需要担心。"

"那爸爸妈妈，什么时候我也可以用我的电子账户进行支付呢？这样我就不会总是忘记带买冰淇淋的钱了。"

"哈哈哈，首先你得有一个自己的电子账户。你放心，等你长大一些，我和狐妈妈就会带你去森林银行办理一张属于你自己的银行卡。在这之前，你要努力地补充你的经济学知识，形成良好的财富观，只有这样，爸爸妈妈才能放心让你自己管理自己的钱呀。"

"我知道了！"狐飞飞突然有了学习的动力，"爸爸妈妈放心，我一定会努力学习经济学知识，做一只让你们放心的小狐狸！"

金苹果广场上的金苹果树，像是听到了狐飞飞的豪言壮语，它欣喜地舒展了枝叶，结出了一颗圆滚滚的金苹果……

兔小葵的支付额度

这天一大早，兔小葵和兔妈妈就出了门，她们要去店里给兔小葵买裙子。因为兔妈妈答应过，兔小葵如果能坚持做满一个月的家务，作为奖励，她就带兔小葵去她最喜欢的"服装一条街"挑一条漂亮的小裙子。

兔妈妈的奖励实在太诱人啦！兔小葵做梦都想拥有一条和"白绒绒长耳朵"组合里的小兔子们一样漂亮的裙子。于是，面对这个大大的诱惑，兔小葵坚持着完成了一个月的家务，尽管兔妈妈给兔小葵分配的只是浇花或擦桌子这样简单的工作，兔小葵还是做得很认真。

今天，就是兔妈妈履行诺言的时候了。

"哇，好漂亮的小裙子！妈妈你快看！"兔小葵拉着妈妈，一边说着，一边把妈妈拉进一家服装店。

看到兔小葵和兔妈妈进店，热情的斑点狗姐姐笑着迎接："兔子妹妹，我家的裙子随便看哦，喜欢的就可以试穿。"

店里每面墙都挂着五颜六色的公主裙，像彩虹一样美丽，兔小葵很快就被琳琅满目的裙子给迷花了眼。她兴奋地拿起一件粉色的毛线裙，圆圆的兔眼睛又忍不住被另一条黄色的蓬蓬裙吸引，而兔妈妈呢，也拿起了一条紫色长裙，在兔小葵身前比量着。斑点狗姐姐热情推荐，鼓励兔小葵穿在身上试一试……终于，兔小葵挑到了她最中意的裙子。

"斑点狗姐姐，我们就买这三件吧。"兔小葵指着购物篮中的三条裙子，满意地说道。

"好的，小朋友，姐姐帮你包装好，一会你和妈妈来前台结账就行啦！"斑点狗姐姐拿起购物篮，来到柜台，熟练地包装起来。

这时，兔小葵跑到妈妈身边，凑到妈妈耳朵旁小声地说了什么，兔妈妈无奈又宠溺地笑笑，点了点头，似乎答应了兔小葵的一个要求。

兔小葵迈着小步子，来到柜台前，柜台后的鸭子哥哥看到这样可爱的小朋友，忍不住弯下腰来温柔地说："小朋友，是你来付款吗？"

"没错，是我来付款！"兔小葵两眼放着亮晶晶的光芒。自上周兔小葵开通了刷脸支付以后，她一直想找机会自己付款。

随着付款的提示音响起，兔小葵把小脸蛋凑到机器前。

"滴！识别成功！付款失败，本次金额超过用户单笔最高使用额度！"但是，机器却没有响起兔小葵期待的付款成功的提示音，兔小葵大吃了一惊。

"啊！这是为什么啊？我的电子账户里应该有足够支付裙子的钱才对……"兔小葵十分不解，站在原地手足无措。

"小朋友，这是不是你第一次使用刷脸支付啊？"鸭子哥哥见状及时来解围。

"是的哥哥。"

"原来是这样，小朋友，你之所以付款失败，是因为这是你第一次使用刷脸支付，还不能一次性消费这么多的钱，你要使用一段时间刷脸支付以后，才能进行更大额度的消费。"

"原来还有这样的规则，可是，为什么要这样呢?"兔小葵忍不住追问。

"因为这样的规则对于电子账户的用户而言更为安全。首先，这样可以预防一些潜在的支付风险，比如当你还不熟悉刷脸支付如何使用时，如果被其他人诱导着支付了你不想买的东西，就会损失一笔钱，而限制首次使用额度，就可以很大程度地避免这样的损失。"

"其次，就算你已经使用了很多次刷脸支付，支付额度还是有限制。一般而言，这时候的限制是针对一天的支付额度而不是一次。一旦某一天你累计消费了 5 000 元以上，银行卡就不会再支持刷脸支付了。如果需要的话，这个额度可以联系银行来增加。"

"原来是这样，那我还是用我的银行卡来付款吧！"兔小葵从胡萝卜状的挎包里拿出了自己的银行卡，这是妈妈在车上时拿出来交给她的。

鸭子哥哥接过兔小葵的银行卡，在刷卡机上操作了一番。

"兔子小朋友，请输入你的银行卡密码。"

兔小葵在脑海里默念妈妈告诉自己的银行卡密码，一个键一个键地输入，十分认真。兔小葵还记得自己给狐飞飞和熊猫阿默看自己的银行卡时，两个人也非常惊讶，然后吵着也要去办自己的银行卡呢。而现在，自己已经可以用银行卡付款了！

很快，支付流程就走完了。斑点狗姐姐将包装好的衣服交到兔小葵手里，笑着同她挥手。

"再见小朋友，欢迎下次光临！"

等到从商店出来，兔小葵便迫不及待地问妈妈。

"妈妈，你的支付额度是多少呢？"

"不告诉你。当然，妈妈作为一个成年人，支付额度一定会比你多。"兔妈妈笑着同兔小葵打趣，"所以，小葵，你现在知道各种付款方式的区别和使用场合了吗？"

"嗯！我知道了！平时买一些不贵的小东西时，就可以用刷脸支付或者现金支付；如果买贵重的物品，使用银行卡支付更加方便，也更加安全！毕竟，身上带着太多现金是有风险的啊！"

"很好，你现在也具备了基本的消费常识了，以后也要根据付款的情况合理地选择付款方式哦！将来等你长大了，有能力自己挣钱了，就可以去银行申请提升额度了。"

"太好啦！"兔小葵一边回答着，一边憧憬着未来的自己。

金苹果树又结出了一枚果子，这一次，是为了奖励爱美的兔小葵正确使用了自己的银行卡……

狐飞飞破产了

今天，狐飞飞一家去逛苹果城最大的百货超市——金苹果商贸中心。

金苹果商贸中心就是金苹果广场最豪华的建筑。在这里，动物们可以吃饭，可以看电影，这里甚至还有一个地下滑冰场，供动物们在这里玩冰上游戏。每次去金苹果商贸中心，狐飞飞最喜欢趴在一楼的栏杆上，看滑冰场里的动物们滑冰。

但是，今天狐飞飞并没有第一时间去他最喜欢的滑冰场，而是领着爸爸妈妈来到了商贸中心的第三层。

"爸爸妈妈，你们快看，这就是我最想要的那一款游戏机！"

53

　　还没等狐妈妈站稳，狐飞飞就急不可耐地给妈妈展示他最近沉迷的一款游戏机。

　　"这个游戏机我可喜欢了，它有好多好多的功能，里面有好多好多的游戏！"

　　"它的大小也很合适，正好可以放到我的书桌上！"

　　狐飞飞兴奋地跟妈妈说着，语速飞快。

　　"好啦好啦，我知道这个游戏机很好了。"狐飞飞妈妈无奈摇了摇头，拍了拍狐飞飞的后背。

54

　　"可是，飞飞，你确定要用你这三年的全部压岁钱来购买这个游戏机吗？"

　　"嗯，我每次来金苹果商贸中心都会看看它，我感觉它就是我最喜欢的那一款游戏机！"

　　看到狐飞飞这么想要这款游戏机，狐妈妈也不再阻拦，她叫来店员松鼠姐姐询问游戏机的价格。

　　"狐女士，很抱歉，因为这一款游戏机是旧款，目前已经不再生产和销售了，展柜里面是最后一台样机，我们也不会将其出售了。"

"啊？怎么会这样，两周前我来的时候不是还有吗?"狐飞飞难以置信。

"很抱歉小朋友，现在这一款游戏机确实已经卖完了。"

"不过，店里还有一款改进版的游戏机，目前正在生产，店里也有现货，小朋友要看看吗?"

狐飞飞点头。

于是，松鼠姐姐将狐飞飞领到另一个展柜前，指着里面一款更大的游戏机给狐飞飞看。

55

狐飞飞刚看到这款游戏机炫酷的外表，就已经迷上了。

"哇，这个改进款的样子好好看，屏幕也变大了啊!"

看到狐飞飞满意这款游戏机，松鼠姐姐也笑起来。

"小朋友喜欢就好。不过，这一款游戏机要比之前那一款贵500元哦。"

"啊?"听了松鼠姐姐的话，狐飞飞突然就开心不起来了。

　　之前，狐飞飞可是用上了辛辛苦苦存了三年的压岁钱，才好不容易攒够了买旧款游戏机的 2 000 元，现在的改进版，又要加价 500 元。这意味着他还要攒半年的零花钱，可是等他攒够了，这款游戏机还会在吗？

　　"要是现在开始存钱，最快也要下个学期才能攒够 500 元。"狐飞飞掰着手指算账，越想越急，他为了这台游戏机已经等了很久，他不想再等了。

　　思考了一会，狐飞飞一拍脑袋，想到了一个好主意！

　　"妈妈，我先找你借 500 元钱行不行？"

　　"接下来这个学期，我的零花钱减半，春节的压岁钱我也只拿一半，这样就可以慢慢补上从妈妈这里借的 500 元了。"

　　狐妈妈一时震惊于儿子居然能想到这样的办法，却也为狐飞飞的冲动感到担忧。

　　"飞飞，找妈妈借钱也不是不可以，只是这样的话，你每周的零花钱就会变少，当小葵和阿默吃冰淇淋的时候，你就只能在一旁看着。飞飞，你真的可以接受吗?"

可是狐飞飞哪里还能听得进去妈妈的劝告，他满脑子都是即将到手的游戏机。

"我可以的，我一定可以忍住! 我保证!"

"那好吧，既然你想好了，妈妈就借你 500 元。"

狐飞飞拿着终于凑到的 2 500 元，向松鼠姐姐交换了这台改进版游戏机。

回到家，狐飞飞迫不及待地玩起了游戏机，开心极了。

当然，狐妈妈和狐爸爸也和其他的爸爸妈妈一样，为了孩子的健康成长，会严格控制狐飞飞的玩耍时间。不过，随着新鲜劲的过去，狐飞飞玩游戏机的时间越来越少了。

同时，狐飞飞的零花钱也变少了。狐飞飞不得不减少吃冰淇淋的次数，以及减少和其他小动物出去玩的时间，来节约使用减半的零花钱。

"飞飞，我听说兔小葵他们今天去郊外野炊了，你怎么没有一起去啊?"

看到准时放学回家的狐飞飞，狐妈妈有一些意外。

狐飞飞当然也很想去野炊，可是他的钱包里1元钱都没有了，该怎么出去玩呢?

"是我自己不想和他们一起去郊外，那里太远了，野炊又很累，听起来就不好玩……"

"真的吗，飞飞?"狐妈妈盯着狐飞飞，知道飞飞是犯了嘴硬的毛病。

58

"唉，妈妈，我后悔找你借500元买游戏机了。"被妈妈盯着，狐飞飞最终还是说出了实话。

"我玩游戏机的时间并不多，花这么多钱，完全不值得。"

"飞飞啊，所以我当时才问你，真的要借这500元吗?"

"从经济的角度来说，这就叫作非理性消费，你看，你就是一时冲动，却付出了比原来更大的代价，买了一个实际上作用有限的游戏机，结果让你接下来的几个月都过得不尽兴。"

"我知道错了……"狐飞飞羞愧地低下了头，他为自己的一时冲动感到后悔。

不过好在，他已经认识到了自己的错误，以后的狐飞飞，在消费前总会多多思考，他再也没有被冲动支配头脑。

零花钱去哪了？

周末到了，森林中心小学的小朋友们迎来了愉快的假期。

周六一早，兔小葵和熊猫阿默就兴高采烈地来到了狐飞飞家门口，随着一阵咚咚咚的敲门声，睡眼惺忪的狐飞飞打开了家门。

"飞飞，听说森林剧院里来了一位很厉害的魔术师，我们一起去看魔术吧！"熊猫阿默笑着说。

"真的吗？太好啦，我早就想看魔术表演了！"狐飞飞听完高兴地说，连瞌睡都醒了一半。

"可是……"狐飞飞犹豫了一下，因为他花钱总是大手大脚的，早就花完了这周的零花钱，但是狐飞飞对魔术表演真的很好奇，最终没有抵制住诱惑，和朋友们一起去了森林剧院。

森林剧院门口的售票处已经排起了长队，售票员蝴蝶姐姐忙得热火朝天。

兔小葵和熊猫阿默对视一眼，都觉得这么多人慕名前来，魔术表演一定十分精彩。他们赶紧拉起狐飞飞的手，往队伍末尾走去。

队伍慢慢移动着，售票窗口越来越近。大家只见窗口上贴着一张大大的海报，是魔术师黑蛇先生在舞台上表演魔术的照片。海报一侧写着大大的字：魔术表演，每人10元！

61

兔小葵和熊猫阿默都松了口气，他们都带够了10元钱。只有狐飞飞左顾右盼，眼睛滴溜溜转起来，他注意到熊猫阿默的钱包鼓鼓的，一定不只带了10元。

队伍总算排到了。

"你好，蝴蝶姐姐，我想买一张今天魔术表演的门票。"熊猫阿默率先拿出了自己的零钱包，用一张

10 元纸币换了一张门票。

"你好，蝴蝶姐姐，我也想买一张门票，我想使用刷脸支付！"兔小葵迫不及待展示了自己刚刚学会的刷脸支付，可让熊猫阿默和狐飞飞羡慕极了！

等到熊猫阿默和兔小葵都买完票后，狐飞飞假装翻找起自己的口袋。

他翻了好一会儿，后面排队的动物们眼看着就要等不及了，兔小葵和熊猫阿默纷纷问起狐飞飞："怎么了飞飞，发生什么事了？"

狐飞飞红着脸，不好意思地挠了挠头："奇怪，我出门的时候明明带了 50 元，怎么找不到了？"

狐飞飞继续翻找着，兔小葵和熊猫阿默也替狐飞飞着急。

狐飞飞很抱歉地看着熊猫阿默，说："阿默，我找不到钱包了，你可以帮我买一下票吗？等明天上学时我一定还给你。"

"没问题，狐飞飞！"熊猫阿默从钱包里拿出又一个 10 元，帮狐飞飞买了门票，兔小葵则安慰着"丢了钱"的狐飞飞。最后，三个人都心满意足地走进森林剧院，观看魔术表演。

表演十分精彩，狐飞飞过瘾极了，最开心的是，他没有自己支付门票，却也看到了如此震撼的表演。

可是，他该怎么还上熊猫阿默的钱呢?

表演散场后，熊猫阿默和兔小葵意犹未尽，他们在剧院旁边的冰淇淋店里买了两只冰淇淋，边吃边聊着刚才的魔术表演。

63

"哇，刚刚黑蛇先生的帽子里一下子飞出了好多白鸽!"

"是啊，黑蛇先生还能把 1 个硬币变成 2 个，真是太神奇了!"

"阿默，你说黑蛇先生真的可以变出钱来吗? 那他岂不是可以有好多好多钱!"

"哈哈哈，黑蛇先生当然不能变出真的钱，那些钱都是他提前准备好藏起来的，只不过我们看不到他藏在了哪里……"

而狐飞飞因为囊中羞涩，只能看着熊猫阿默和兔小葵开心地聊天，品尝美味的冰淇淋。

淡淡的失落冲散了他心中的喜悦，狐飞飞心想："要是我能多一些零花钱就好了。"

回到家里，狐飞飞一直垂着头，闷闷不乐。

狐妈妈察觉到了狐飞飞的低落，问道："飞飞，怎么不开心？今天的魔术表演不好看吗？"

狐飞飞沮丧地说："魔术很精彩。可是，我没有零花钱买票，门票是让阿默帮我买的。演出结束后，还要看着小葵和阿默吃冰淇淋，明明我也很想吃……"

"妈妈，你能不能每周再多给我一些零花钱呀？这样我周末就可以和朋友们出去玩了。"

狐妈妈很无奈："可是，飞飞，你还记得你为了买游戏机，向妈妈借了500元吗？"

"为了早点还上 500 元，你每周的零花钱减半，现在只有 15 元，更要规划好你的零花钱用途。"

狐妈妈接着问："飞飞，这周你都用零花钱做了什么呢?"

狐飞飞支支吾吾地说："这个……谁能记得每一笔钱都花在哪里了啊?我就是买了买零食和玩具，零花钱就花光了。"

狐妈妈语重心长："飞飞，你自己都不清楚你的零花钱用在了什么地方，如果对自己的零花钱没有合理的规划，自然零花钱就会不够用。"

"爸爸妈妈给你的零花钱，是爸爸妈妈每天辛勤工作换来的工资，这些钱都蕴含着爸爸妈妈的劳动和汗水，要学习珍惜，乱花钱是不对的。"

"当然，妈妈和爸爸都很爱你，你也是一个懂事的孩子。如果你能答应妈妈，合理安排自己的零花钱，妈妈就会帮你把钱还给阿默，你也要记得谢谢阿默哦。"

狐飞飞听了妈妈的话，思考了一会，认真地点了点头。

"放心吧妈妈，我明白该怎么做了！"

转眼来到了周一，森林中心小学的小朋友们开始了新一周的课程。

下课后，狐飞飞找到了熊猫阿默，把周末请熊猫阿默垫付的门票钱还给了他，并虚心向熊猫阿默请教："阿默，你平时是怎么规划零花钱的呀？感觉我的零花钱总是不够用。"

"我的零花钱一部分是爸爸妈妈给的，另一部分是去牛爷爷的农场打工挣来的，其实和飞飞你是一样的。只不过爸爸告诉我，要懂得分配好自己的零花钱，不然有再多的钱都不够花。"

"是啊是啊，妈妈也提醒我，零花钱的用途要安排好。那你是怎么做的呢？"

"很简单！我每周把 30% 的零花钱攒起来，用来买我喜欢但是比较贵的东西，这部分零花钱我不会轻易使用。另外的 70%，我把它们用作平时开销，像平常买的冰淇淋，或是周末大家一起出去玩，我就会使用这部分钱。"

"另外，我还会给自己做一个账本，记录自己每笔零花钱的用途，记得多了，也就知道什么钱该花，什么钱不该花啦。"

狐飞飞听了熊猫阿默的话，感觉自己受到了很多启发。

这时，兔小葵蹦蹦跳跳地走了过来。

"飞飞，阿默，你们在聊什么呀？"

"我正在向阿默请教怎么规划零花钱呢，阿默不仅会对自己的零花钱做出安排，还能记账，实在是太厉害啦！"狐飞飞回答道。

"这样呀！我平时也会留意自己的钱都花在了哪里。不过，我开通了电子账户以后，我的每一笔收入和支出都会被记录下来，查询起来也非常方便，帮我省了很多事呢！"兔小葵说道。

"原来大家都会对自己的零花钱有所规划呀！那我也要向大家学习，做一个懂得合理消费的人！"狐飞飞开心地说。

　　就这样，狐飞飞小朋友学会了合理消费，金苹果树又悄悄结出一颗漂亮的金色苹果……

游乐园的一天

狐飞飞除了帮牛爷爷摘草莓，现在还帮着乌龟奶奶送牛奶，每周都能攒下不少零花钱。

狐飞飞把花不完的钱都存到了一个苹果形状的存钱罐里，他最喜欢的事情，就是听硬币掉进存钱罐时丁零咣啷的声音。

这天放学回家，狐飞飞打开了自己的苹果存钱罐。

"1 元、2 元……120 元！我已经攒下了 120 元！"狐飞飞高兴地快要跳起来了，不知不觉间，他已经攒下了这么多钱！

"怎么了飞飞，什么事这么高兴啊？"正在厨房做晚饭的狐妈妈探出头来，想知道狐飞飞的小脑袋里又在打什么主意。

狐飞飞脸上挂着大大的笑容，他激动地对妈妈说道："妈妈，苹果城开了一家森林游乐园，我的钱刚刚好可以买去游乐园的门票了！"

原来是狐飞飞今早在教室里，听着熊猫阿默绘声绘色地描绘游乐场里的梦幻城堡、音乐喷泉，还有盛大的烟火表演，别提有多心痒了。狐飞飞早就想好，一定要攒够零花钱，去一次游乐园！

狐妈妈在厨房看着狐飞飞期待的眼神，当即决定这个周末也带狐飞飞去游乐园好好玩一次！

周末很快就来了。

这天阳光明媚，绿草如茵，狐妈妈和狐飞飞早早就起了床，两人戴起遮阳小帽，就踏上了前往森林游乐园的旅程。

到了游乐园的门口，狐飞飞牵着狐妈妈的手，去了买票的窗口。

"欢迎两位！两张门票，一共需要100元哦。"售票员河马大叔笑眯眯地说。

狐飞飞连忙从自己的钱包里掏出 100 元，从小小的售票窗口里递了进去。

河马大叔见是狐飞飞自己用钱买门票，不禁对狐飞飞刮目相看起来。很快，河马大叔就拿出两张游乐园门票交给了狐飞飞。

"这位小朋友真厉害呀！祝小朋友在游乐园里拥有快乐美好的一天！"

71

狐飞飞一冲进游乐园，就直奔熊猫阿默口中最刺激的项目——云端过山车！熊猫阿默说只有最勇敢的人才能完成这个项目，狐飞飞捏着拳头心想，自己是森林中心小学最勇敢的小朋友，一定不能输给阿默。

在工作人员大象哥哥的指引下，狐飞飞坐在了云端过山车的座椅上，系好安全带，紧紧地握住身侧的安全扶手。随着"滴——"一声清脆的汽笛鸣响，狐飞飞感到过山车在缓缓向上，不一会儿，就来到了整个乐园的最高点。然而，还没来得及欣赏全乐园的景色，过山车就猛然俯冲向下，狐飞飞只感到景色在眼前飞快地流动，风从耳边呼啸而过，狐飞飞仿佛像飞鹰先生一样在天空中翱翔，感觉过瘾极了！

下了过山车，狐飞飞兴奋地向妈妈跑去。"妈妈！云端过山车真的太刺激了，我感觉自己飞到了很高很高的地方！"正说着，狐飞飞又看到云端过山车旁边的南瓜大摆锤，连忙拉着狐妈妈的手奔向下一个项目……

时间飞快，转眼间一上午过去了。狐妈妈一边耐心地听着狐飞飞讲自己刚才在游戏项目上的感受，一边擦了擦他额头上的汗。

"好了好了，看你兴奋的模样。已经到中午了，飞飞饿不饿？"

恰好狐飞飞肚子咕噜咕噜叫的声音传来，狐飞飞顿时红了脸。狐妈妈也明白玩了一上午的小家伙此时已经饿坏了，两人在森林游乐园里选了一家面馆吃了午饭。

从面馆里走出来，狐飞飞又看到了一家纪念品商店。隔着大大的玻璃窗，狐飞飞一眼就看到了里面摆放的小汽车模型。

"妈妈，纪念品商店里卖的小汽车玩具和绵羊阿姨店里的不一样，我想买一辆回去玩！"

狐飞飞一边撒娇一边晃着狐妈妈的胳膊，狐妈妈无奈，又不忍辜负狐飞飞的期待，笑着说："快进去看看吧，如果在你的预算内，妈妈觉得买一个小汽车也可以。"

好耶！狐飞飞在心里欢呼。

今天出门一共带了120元，现在还剩20元，马上自己就可以拥有一辆游乐园版的小汽车啦！

狐飞飞兴致勃勃地走进商店，在琳琅满目的汽车玩具中挑选了一辆火红的消防车玩具模型，并自己到柜台前付了账。

出了商店，狐妈妈看着正抱着小汽车模型，笑得眼睛都睁不开了的狐飞飞，问道："飞飞算一算，你今天一共花了多少钱？"

狐飞飞掰了掰指头："门票 100 元，两碗面 8 元，小汽车 10 元，我今天一共花了 118 元！"

"不错。那飞飞还记得，今天都买到了什么商品吗？"

"我买到了一辆消防车模型！"狐飞飞高高地举起手中的玩具。

"除了消防车模型呢？"

"啊？唔……还有两碗面？"

"对了，那还有呢？"狐妈妈的问题仍在继续。

"嗯……"狐飞飞一时说不上来了，他想了一想，试探性地回答道，"难道是门票？可是，门票也属于商品吗？我们并不是在商店，或者饭店里买的门票呀。"

狐妈妈扑哧笑出了声："飞飞，商品不光是商店里才能卖的呀，只要是为大家消费而生产出的物品，具有价值和使用价值的就是商品呀。"

"价值和使用价值？"狐飞飞还是没太听懂狐妈妈的话。

"你看你手中的小汽车，它本身需要塑料、橡胶和颜料等制成，还需要叔叔阿姨们设计制作，里面包含了很多人的劳动，这就是它本身的价值。而飞飞你特别喜欢汽车模型，你的喜欢和需要就是它的使用价值。"

狐妈妈一边说着，一边指着云端过山车的方向："其实你坐的过山车，还有南瓜大摆锤等游乐项目，也属于商品的一种。你购买的门票，其实就是一次游玩的体验，是一种没有实体的商品。云端过山车本身需要人们对它的轨道、车身进行设计与建设，还需要对它进行定期的维护，这是它自身的价值，而它带给你刺激、快乐与兴奋的体验，就是这个项目的使用价值。"

75

听着妈妈的解释，狐飞飞立刻举一反三道："那中午的面也一样！面粉、配料和面条师傅的劳动，构成了那碗面条的价值，我们吃面条填饱了肚子就是面条的使用价值，对吗妈妈？"

"没错！我们飞飞真聪明！"狐妈妈向狐飞飞竖起

了大拇指。

"原来身边到处都是商品呀！"狐飞飞牵着妈妈的手走在回家的路上，一路上说个不停。

"妈妈，今天我们买了好多商品呀！"

"妈妈，原来游乐场里有这么多商品！原来商品有那么多种类！"

"妈妈……"

"妈妈，今天真开心呀！"

狐飞飞蹦蹦跳跳的影子，在夕阳下被拉得很长。

该去谁家的包子铺？

狐飞飞已经连续三天没有好好吃过一顿早饭了。

事情还要从上周末说起。狐飞飞远在西瓜城的大伯生了病，狐爸爸狐妈妈都很担心狐大伯的身体，无奈之下，只好将狐飞飞托付给同样在苹果城的狐爷爷和狐奶奶照顾，就匆匆赶往了西瓜城。

可是，狐爷爷狐奶奶年纪大了，狐飞飞不好意思让两位老人早起给自己做早饭，就吃些饼干，喝点牛奶，打算暂时凑合几天。

可再好吃的饼干，再好喝的牛奶，怎么比得上狐妈妈做的热气腾腾的早饭呢？

"唉，已经吃了三天了，饼干配牛奶真的不好吃。"狐飞飞喝下最后一口牛奶，叹了口气，怀念起妈妈亲手给自己做的糖包子。

"哎，我记得森林小吃街里好像有几家包子店。明天去看看，说不定就可以不吃饼干配牛奶了呢!"

狐飞飞越想越觉得可行，等到第二天早上，他早早地起了床，骑上自己的自行车，打算去森林小吃街看一看。

森林小吃街果然名不虚传，狐飞飞刚到这里，立刻就被琳琅满目的早餐店给吸引住了。

"哇，原来这里有这么多好吃的!"狐飞飞一边逛一边想，闻着铺满整条街的食物香味，口水都要流下来了。

逛了好一会，狐飞飞总算找到了两家包子铺。

"这边有一家白熊包子铺，是白熊叔叔开的；可另一边的黑熊包子店看起来也很不错，我究竟该去哪一家吃包子呢?"

狐飞飞犯了难，吃了好几天饼干配牛奶，他很想吃一顿符合自己口味的早餐，可眼下的两个选择看起来都不错。

"直接去问白熊叔叔和黑熊叔叔，两家店哪一家更好吃，他们大概都会夸奖自己的包子，这可不是个好办法。"

狐飞飞思来想去，还是没能拿定主意，眼看就要迟到了，连忙骑上车飞奔去学校。好在狐飞飞包里装着还没吃完的饼干，总算是没有饿肚子。

79

中午的时候，狐飞飞看到熊猫阿默在树下吃着苹果派，眼睛骨碌碌转了好几圈，向熊猫阿默走去。

狐飞飞心想，阿默最爱吃零食，他一定知道哪一家的包子最好吃。

"阿默，你去过森林小吃街吗?"

熊猫阿默吃掉最后一口苹果派，擦了擦嘴角，回答了狐飞飞。

"去过啊，森林小吃街有很多好吃的，我最喜欢去那里吃苹果派，可好吃了。"

狐飞飞开心地拍起手来："真是太好了，那你知道森林小吃街里哪一家的包子最好吃吗？"

熊猫阿默抱歉地看了看狐飞飞："对不起飞飞，我从来不吃包子，所以也不知道哪一家的包子更好吃。"

狐飞飞有些失落。

"不过，就在前几天，爸爸教了我一些方法，来帮助我分辨最好吃的苹果派。"

狐飞飞重新燃起了希望："哦？快说来听听！"

"第一，要观察每家店的顾客数量。一般来说，顾客数量多的店，其制作的食物口味会比较好。"

"第二，要看看每家店的商品种类和价格，看看究竟符不符合自己的口味。菜单一般都会被老板贴在店铺门口，很容易就能找到。"

"第三，要学会对比。根据商品价格和品质，对每家店的商品进行对比，自然就能发现实惠又好吃的苹果派！"

狐飞飞若有所思。

第二天早上，狐飞飞再次来到森林小吃街。

一到街口，狐飞飞就观察起两家包子店的顾客情况。

"已经过去五分钟了，去黑熊包子店里的动物要比去白熊包子铺的多一些。"狐飞飞通过认真的观察，最后得出结论。

然后，狐飞飞走到两家店铺的门口，仔细观察了两家店的菜单。

"根据菜单，黑熊包子店有 30 多种不同的包子，每种包子的价格都是 1 元。而白熊包子铺主要做糖包子，种类只有不到 10 种，不过价格也是 1 元。"

"虽然黑熊包子店的顾客较多，种类也更丰富，但对比下来，还是白熊包子铺更符合我的口味。"

于是，狐飞飞来到白熊包子铺，找白熊叔叔买了 2 个白糖包子和 2 个红糖包子，当作今天的早餐。

狐飞飞咬了一口买来的糖包子，流心的糖馅甜甜的，狐飞飞满意极了，他想：熊猫阿默告诉我的方法还是蛮不错的嘛。

就这样，聪明的狐飞飞结束了饼干配牛奶的早餐生活。

谁种的桂花树？

转眼到了秋天，叶子由绿转黄，一整座苹果城都变得金灿灿的。城东边的农田里，麦浪唱起了丰收的歌谣。

狐飞飞不是很喜欢秋天，他想：秋天没有春天万物复苏的生机，也没有夏日一天一个冰淇淋的甜蜜，更没有冬天在雪地里打雪仗的快乐。秋天，真是一个平平无奇的季节。

想到这，刚放学的狐飞飞踢了一脚校门口的小石子，默默叹了口气。

忽然一阵香味传来。

"咦？好香啊。"狐飞飞好奇地寻找这股幽香的来源，"这样的香味，我以前好像从来没有闻到过！"

狐飞飞眼尖地发现，森林中心小学门口的马路边，种上了两排新的树，树上一朵朵金黄的花藏在层层叠叠的叶子中，花骨朵儿虽小，却散发出令人沉醉的香气。

"这是桂花树。"兔小葵也注意到了路边新出现的这排小树。

原来是桂花树！狐飞飞很喜欢香气四溢的花。狐飞飞家的院子里就有一棵杏花树，那是狐爸爸在狐飞飞一岁的时候买来树苗种下的。

桂花的香气让狐飞飞想到了家里的杏花树，他好像有点喜欢秋天了。

可是，他不明白，家里的杏花树是爸爸买来的，可路边的桂花树是谁买来种下的呢？

第二天一早，狐飞飞就跑到了山羊老师的办公室。

"山羊老师！山羊老师！"

未见其人先闻其声，山羊老师还没看见狐飞飞，狐飞飞的声音就已经传到了办公室里面。

"山羊老师! 校门口新种的桂花树是学校里的老师种下的吗?"

山羊老师看着跑得满头大汗的狐飞飞, 连忙叫他坐下来好好歇一歇。

"飞飞, 学校外的土地不属于学校, 当然, 学校也不能够在校外种桂花树的。"

"那谁会把树种在马路边呢?" 狐飞飞更不明白了。

"今天下午, 犀牛叔叔会过来查看桂花树的生长情况, 飞飞要是有疑问, 不如直接去问问犀牛叔叔吧。"

犀牛叔叔? 在狐飞飞的印象里, 犀牛叔叔是在苹果城政府工作的, 怎么会来看桂花树的情况呢? 难道这桂花树是犀牛叔叔种下的!

下午, 狐飞飞拉着兔小葵一起, 找到了正在查看桂花树的犀牛叔叔。犀牛叔叔正一边摸着叶子, 一边在纸上做着记录。

"犀牛叔叔好！请问是你把桂花树种在这里的吗？"狐飞飞和兔小葵一起向犀牛叔叔问好。

"是飞飞和小葵呀。"犀牛叔叔停下了手中的笔，半蹲下来摸了摸狐飞飞的头。

"这些桂花树并不是我种的，它们是孔雀市长带领苹果城政府的工作人员种下的，这些桂花树是属于苹果城里每一位公民的哦。"

"属于每一位公民？可是我并没有花钱买下这些桂花树。"

"哈哈哈，政府种下这些桂花树，是为了让苹果城更安全、更美丽、更幸福。"

"秋天，森林中心小学周围大部分植物都枯萎了，所以我们希望种上这些桂花树，让小朋友们看到秋天的美好。不需要飞飞花钱买下这些树。让市民感到幸福，是孔雀市长和我们政府所有人的职责所在。"

"哦！我懂了。"狐飞飞恍然大悟，"那苹果城马路边所有的树都是政府种下的。"

"不光是树，森林公园应该也是政府修建的，因为公园让我和爸爸妈妈都感到更加幸福！"兔小葵也在一旁补充道。

"不错，你们都说对了。苹果城里所有的道路、学校、医院等都是苹果城政府出资建设的。我们会把从市民手中征集到的税款集中起来，再使用到苹果城的每一处，取之于民，用之于民。麦子田里的收割机、森林公园里的体育器材，马路边的桂花树，还有冬天家里的暖气，都是出自政府。"

狐飞飞不禁感叹："原来是这样！政府的工作原来这么多，真是辛苦你们啦！"

兔小葵也十分感动："多亏了犀牛叔叔、孔雀市长，还有政府里其他的叔叔阿姨们，苹果城的居民才能越来越幸福啊！"

狐飞飞和兔小葵终于明白了桂花树是从哪里来的了。

"秋天真好啊！"狐飞飞看着迎风生长的桂花树，在一片浓郁的桂花香中开心地笑出了声。

学校里的小花园

"丁零零——"下课铃响起了，森林中心小学的小朋友们快步跑出教室，来到操场和小花园里游玩。

熊猫阿默站在小花园里的假山下，对着狐飞飞不停地招手，喊道："飞飞，快来快来，比谁先爬上假山！"

"来就来，看咱们谁更快！"狐飞飞一听也来了兴趣，迅速追上熊猫阿默。

好一会，狐飞飞和熊猫阿默才气喘吁吁地爬到假山顶上。虽然假山不高，但是视野很好，正好能够看到森林中心小学新建成的小花园的全景：花园里有小池塘和横跨池塘的木桥，池塘边还有不少桌椅，小动物们平时还可以坐在这里休息，此外，花园里还有着各种各样的花草树木，现在正值秋天，花园里满地都是金黄色的落叶，每当风吹过，落叶就会漫天飞舞，看起来美极了。

"兔小葵，你没有跟我们一起爬上来，实在是太可惜了，秋天的小花园美极了！"

熊猫阿默刚从假山上下来，便看到了坐在池塘边的兔小葵。他一边向兔小葵分享方才的美景，一边兴奋地比划着。

狐飞飞像忽然想起了什么："兔小葵，这个小花园我记得是修了一整个学年才修好吧？"

兔小葵想了想，说："我记得是这样，之前一直有施工的叔叔阿姨在里面工作，放学之后还有大卡车开进来。"

三个小朋友又在小花园里玩了一会儿，直到太阳下山，寒风慢慢吹来，小朋友们才相互道了别，各自往自己家中赶去。

找到了爸爸停靠在路边的车，狐飞飞拉开车门，钻进车里。

"爸爸，我们学校之前一直在修的小花园修好啦，漂亮极了！"一路上，狐飞飞都在回味花园的景色，嘴里讲个不停。

这时，汽车广播里传出了声音："在充分听取市民意见并进行了实地考察后，苹果城将在原有苹果城中学的基础上，扩大校园规模。具体预算报告将在下个月向市民们公布。"

狐飞飞安静下来，琢磨着刚刚的广播。

"爸爸，预算报告是什么意思呢？"狐飞飞问道。

"预算报告，就是政府在经过调研和计算后，估计某个项目需要花费的资金，然后整理数据，再向大家公布。"

"那爸爸，苹果城中学的扩建大概需要多少钱啊？"

"这个爸爸可就不知道了，我听说这次的扩建规模还不小。不过，至少也需要上百万的资金。"

"啊？居然需要这么多钱！可是，这些钱是哪里来的呢，难道是我们交的学费吗？"

"哈哈哈，飞飞，去年你交了多少学费，你还记得吗。"狐爸爸问。

狐飞飞仔细回忆着，好一会儿，才张口说：

"爸爸，去年的学费我记得是500元，此外，我还交过伙食费和书本费。"

"那你们学校有多少小朋友啊？"

"大概有100多个。"

"这样算算，大家一共交了多少学费呢？"

"只有50 000多元。"

"飞飞你看，全校一年的学费收入才50 000余元，但学校扩建一次就要花费上百万。你有没有思考过，这些钱是从哪里来的呢？"

狐飞飞想起了前些天，他和兔小葵一起与犀牛叔叔的交谈，犀牛叔叔说，苹果城政府的职责就是让苹果城市民更加幸福。

狐飞飞心里有了答案。

"是苹果城政府给了学校资助吧！"

"对了飞飞！政府支付的这一部分钱，叫作教育拨款，是为维持苹果城正常运转的支出之中很重要的一部分。它包括了学校建设所需资金、老师的工资、给学生的补贴等。"

"记得在我上小学的时候，爸爸每年还要交不少学费，也有一些小动物，因为没有足够的钱而不能上学，不能和现在的你们一样学到知识。但是现在，不仅你们需要交的学费降低了，其他的费用，比如伙食费、书本费也因为有补贴而下降了很多。这些我们没有支付的费用，其实是由政府承担了。"

"原来是这样。"经过爸爸的解释，狐飞飞这下明白了森林中心小学新建小花园的经费是从哪里来的了。

"所以飞飞，你一定要好好学习，在学校的时候认真听课，不要辜负了大家对你们的支持哦！"狐飞飞爸爸笑着说。

"嗯嗯，我一定会认真学习的！"

凭空产生的班费

　　最近，一部以苹果城为背景的动画片——《苹果城大冒险》，在森林中心小学风靡一时，熊猫阿默更是沉迷其中，甚至吃饭的时候都央求妈妈打开电视，目不转睛地盯着看。

　　这个周末，熊猫阿默变得更痴迷了，甚至没有像往常一样，和小朋友们出去玩，而是待在家里看起了动画片。

93

　　"咚、咚、咚。"

　　熊猫阿默正沉迷于动画片无法自拔，忽然听到了敲门的声音。

　　"阿默，阿默，快出来呀！听说玩具店新推出了

《苹果城大冒险》的同款玩具，要不要一起去看看呀！"狐飞飞的声音在门外传来。

熊猫阿默本想拒绝狐飞飞，躺在家里看动画片。但是当听到有新出的玩具，他噌一下从沙发上弹了起来，飞奔到了门口。

"《苹果城大冒险》的同款玩具我可不能错过！飞飞，我们走！"

两个小朋友谈论着动画剧情，蹦蹦跳跳、有说有笑地向着玩具店走去。

"大热动画片《苹果城大冒险》同款周边玩具，走过路过不要错过，快来把小英雄们带回家！"刚走进玩具店，就听见了河马大叔响亮的吆喝声。

狐飞飞和熊猫阿默两眼放光，迫不及待地跑进了玩具店里。

熊猫阿默很快挑出了他最喜欢的角色模型——威武而正义的老虎战士。

"河马叔叔，请问这个玩具怎么卖呀！"

"阿默，你好呀，你手中的老虎战士玩具售价49元。"

河马叔叔又说："不过，《苹果城大冒险》中一共有7个角色，只需要299元，就可以将全部7个角色带回家哦！此外，我们还会赠送一套冒险者基地模型呢！"

阿默听了河马叔叔的话，摸了摸自己的小口袋，盘算了一下自己剩余的零花钱。

他发现自己剩下的零花钱只能买到其中一款角色。

虽然他最喜欢老虎战士，但其实，动画中的每个角色阿默都很喜欢，而且成套购买的话，还能获得冒险者基地的模型。

阿默左思右想，实在难以割舍。

他的眼神简直无法从玩具上挪开，他真的很想把这些玩具全部带回家。

于是一个计划诞生在了阿默脑袋里。

"河马叔叔，我现在没有带够钱，你能不能帮我留下一整套玩具，我下午就来买！"

熊猫阿默和河马大叔商量着。河马大叔见熊猫阿默爱极了这套玩具，同意了他的请求。

于是熊猫阿默匆匆和狐飞飞告别，就急忙赶回了家。

狐飞飞在心中疑惑：阿默不是最喜欢这套玩具，怎么忽然不买了呢？

不过，狐飞飞没有多想，也没有选择拿走一整套玩具。他计算了自己剩余的零花钱，只挑选了一个他最喜欢的白狼战士玩具，就心满意足地回了家。

熊猫阿默回到家后，发现熊猫妈妈正在厨房做午饭。

熊猫阿默走进厨房，犹豫了一会，但最终，对玩具的渴望战胜了他的理智。

他开口对妈妈说："妈妈，我们下周就要交班费了，这次的班费是……是每人200元……"

熊猫阿默一句话说得磕磕绊绊，越说声音越小。

不过熊猫妈妈忙于午饭，没有及时发觉熊猫阿默的异常，她温柔地说道：

"原来是要交班费啊。阿默你等一等，等我们吃完午饭，我就把班费拿给你。"

午饭后，熊猫妈妈如约将钱拿给了阿默。

阿默虽然心里有些不安，但是一想到躺在玩具店里等着自己的玩具，他还是接过了妈妈递给他的"班费"，迫不及待地来到了玩具店，将整套玩具都带回了家里。

熊猫阿默对这套玩具喜欢极了，简直是爱不释手。

晚上，他一边看着动画，一边摆弄玩具，想象着自己也进入了动画世界，和角色们共同冒险！

他一会儿化身成强壮的老虎战士，一会儿化身成勇敢的白狼战士，一会儿又化身成在天际翱翔的苍鹰战士……

可是渐渐的，熊猫阿默觉得心里不太舒服，玩得心不在焉。最后，他兴致缺缺地洗漱后就上床睡觉了。

在梦里，熊猫阿默没有变成他喜欢的动物战士们，反而变成了故事里的反派大章鱼！被正义的战士们打得落荒而逃。

阿默一下子惊醒，躺在床上，再也睡不着……

第二天一早，熊猫阿默顶着比平常更大的黑眼圈来到学校。

一整天，熊猫阿默都心不在焉，几次被老师点名回答问题，都没有回答正确。中午吃饭的时候，还差点打翻了狐飞飞的餐盘。

放学后，熊猫阿默和狐飞飞一起回家。

狐飞飞疑惑地问熊猫阿默："阿默你怎么了？你看起来很疲惫。"

"唉，没事，我只是昨晚做了噩梦，没有休息好。"

这时，狐飞飞忽然发现，路边有一张 100 元纸币，孤零零躺在地上，眼看着要被风卷走。

狐飞飞连忙跑过去，将纸币捡了起来。

熊猫阿默见状，疲惫一扫而空，笑着拍起手来。

"飞飞，我们运气真好！我们拿这100元去吃冰淇淋吧，能吃好多好多冰淇淋呢！"

狐飞飞却不认同地摇了摇头："不行，阿默，我们捡到钱应该归还失主，爸爸说拾金不昧才是好孩子！"

熊猫阿默听到狐飞飞的话，觉得狐飞飞的话很有道理，捡来的钱不是他们的，他们不应该随意花掉。

于是，熊猫阿默和狐飞飞一起，站在路边等待失主。

十几分钟后，瘦瘦高高的白羊阿姨急急忙忙地走了过来，在地上寻找着什么。

狐飞飞见状，仔细一问，发现白羊阿姨正是100元的失主。

狐飞飞将钱交给白羊阿姨，白羊阿姨激动地握着狐飞飞的手，对狐飞飞说了很多感谢的话。

熊猫阿默将一切都看在眼里，若有所思。

白羊阿姨在包里拿出两块糖，给了狐飞飞和熊猫阿默一人一块。

"你们两个小朋友都是诚实守信，拾金不昧的好孩子，阿姨谢谢你们！这块糖就作为好孩子的奖励，是甜甜的苹果糖，你们一定会喜欢的。"

听了白羊阿姨的话，熊猫阿默忽然意识到，狐飞飞带着自己做了一件好事。正是狐飞飞的诚实，让他得到了这块苹果糖的奖励。

原来诚实才是好孩子！

于是，回到家后，熊猫阿默下定决心要向妈妈坦白。

"妈妈，对不起，山羊老师并没有让我们交班费，是我为了买玩具欺骗了您。"

"这次是我做错了，我以后一定再也不会做这样的事！我要做诚实的好孩子！"

就这样，熊猫阿默和妈妈讲清了事情的原委，并且承诺自己不再犯相同的错误。

熊猫妈妈听了熊猫阿默的解释后，语重心长地说：

"阿默宝贝，我很高兴你能选择和我坦白这件事。"

"其实我已经问过了山羊老师，山羊老师说你们并没有要求交班费。我就在想，我的儿子是要用这笔钱去做什么呢？"

"后来，我看到你带着玩具回家，又玩得十分开心，就知道你为什么要欺骗妈妈。"

"妈妈也关注到了你的坐立难安，所以我一直在期待你能主动向我承认你的错误，好在你没有让我失望。"

"阿默，每个人都会犯错误，只要知错能改，敢于直面自己的错误，你就是一个勇敢的人，和你最喜欢的老虎战士一样勇敢。"

"谢谢妈妈，我以后一定会诚实守信，不会再撒谎了！"熊猫阿默向妈妈保证着。

"好啦，现在你知道了诚实的重要性，妈妈原谅你了。"

熊猫妈妈话锋一转："不过，你谎称班费的钱要从未来几周的零花钱中扣除，必须给你一个教训。"

"啊！我再也不会撒谎了，这种感觉真的太差了！"熊猫阿默懊恼地垂下了头。

狐飞飞的礼物

兔小葵的生日快要到了。

作为兔小葵的好朋友，狐飞飞一直想要送她一份精美的生日礼物。但是，狐飞飞由于买了游戏机，最近的零花钱并不充裕。

狐飞飞非常纠结。他觉得如果自己因为零花钱不够而随意购买一份礼物，兔小葵知道了一定会伤心，但如果自己购买一份太贵重的礼物，就没有零花钱买零食和玩具了。

这天下课后，狐飞飞神秘兮兮地问起同桌熊猫阿默："阿默，你有没有给小葵准备生日礼物呀？"

熊猫阿默不假思索地回答道："当然啦，小葵是我们的好朋友，我肯定要认真给她准备一份生日礼物！"

"那你准备的礼物是什么呀，可以给我参考一下吗？"狐飞飞问道。

"哈哈，狐飞飞你真是个小机灵鬼。不过我可不能给你看，我准备的礼物是精心挑选的，提前说出来就没有惊喜了。"

熊猫阿默想要保留一份神秘感，所以拒绝了狐飞飞的请求。

这时前桌的鹿玲玲听到了他们的对话，感兴趣地扭过头来。

鹿玲玲是一只漂亮的梅花鹿，是班级的美术课代表，她的品味特别好，穿的小裙子总是最漂亮的。

鹿玲玲骄傲地分享着自己准备的礼物："你们也要参加小葵的生日聚会吧，我也要去！我还拜托爸爸在葵花城买了一个印着葵花图案的书包，作为送给小葵的生日礼物。她平时那么喜欢葵花，一定会喜欢我的这份礼物的!"

听了伙伴们的话,狐飞飞压力更大了。

他把兔小葵当作自己最好的朋友之一,他下决心一定要准备一份合她心意的礼物。

但是,该挑选什么样的礼物,还能不让自己的经济状况陷入危机呢?这可成了一个大问题。

晚上,狐飞飞回到家里,还一直琢磨着,饭也没吃几口。

狐妈妈看出了他的异常,关切问道:"飞飞,你怎么了?平常回到家都是蹦蹦跳跳的,今天却一言不发,吃饭的时候也是闷闷不乐,是有什么心事吗?"

"是这样的,妈妈。小葵要过生日了,同学们都准备了各种各样的礼物。我想给她准备一份别出心裁的生日礼物,但是我的零花钱不够了,如果我花太多钱买礼物,之后的一段时间就不能买零食和玩具了。"

妈妈一边摸着飞飞的头,一边说:"原来是这样呀。飞飞，我知道你把小葵当作最要好的朋友之一，朋友间很重要的一件事就是分享，只有当你愿意同别人分享自己的东西，不做一个小气鬼，才能获得长久的友谊。这样，你明白自己应该怎么做了吗？"

狐飞飞听了妈妈的话，顿时有了主意："我明白啦，妈妈！小葵是我的好朋友，平时她经常和我分享她的零食和图书，我也应该以同样的方式对待她。我愿意不计较自己的玩具和零食，为她买一个更好的礼物！可是，我又该如何准备一份能让她喜欢的礼物呢？"

妈妈继续解答着飞飞的困惑："朋友间的分享是物质上的，也是情感上的。这不仅仅是用物质和金钱来表达，更要用真心的关爱和陪伴来表达，只有这样，才能交到一个真正的好朋友。"

"飞飞，不如你想想看，小葵平时有没有喜欢的东西呢？结合她的爱好挑选礼物是很不错的选择。只要你有心，就算礼物不贵重，她也一定能感受到你的心意。"

狐妈妈的话让狐飞飞茅塞顿开，狐飞飞终于开始准备送给兔小葵的礼物。

不过，他反复思考了很多选项，还是觉得只有一份礼物并不能完整表达他对兔小葵的祝福。

这天放学回家的路上，狐飞飞看到一个广告牌，上面展示着一部即将上映的电影——《葵花下的约定》。预告上说这部影片讲述了一对好朋友因葵花结缘的故事。

想到兔小葵对葵花的喜爱，又想到两人之间宝贵的友谊，狐飞飞突然灵光一现，决定邀请兔小葵一起去看这部电影，用这个特殊的方式庆祝她的生日。

狐飞飞觉得这个想法真是太棒了，他提前买好了电影票，在兔小葵生日聚会的当天，将这张电影票郑重地交到了兔小葵的手中。

"小葵，你是我最重要的朋友，我想陪你一起看这部《葵花下的约定》，希望我们的友谊可以长长久久！"

这份简单却珍贵的礼物，让兔小葵感动极了。

兔小葵拉起狐飞飞的手，脸上挂着甜甜的笑容："谢谢你狐飞飞！你也是我最重要的朋友！"

我要把钱攒起来

愉快的周末时光总是过得很快，转眼又到了周一，小朋友们要背起书包上学了。

狐飞飞上周五放假前和熊猫阿默约好了，周一上学来得更晚的人要给对方一袋小零食，所以，狐飞飞今天到得格外早。

狐飞飞蹦蹦跳跳地到了学校，突然，他发现学校门口多了一个新的摊位，摊位前立着的牌子上写着："旧衣旧书捐赠活动"。

狐飞飞感到好奇，走近去瞧，听到摊位的黄牛叔叔说，在更深的大山里有一些生活困难的小朋友，他们住的地方不像苹果城这样富饶，所以没有新文具，也很难穿上新衣服，更别说用零花钱买喜欢的零食和玩具了。

黄牛叔叔还说，这个"旧衣旧书捐赠活动"的摊位，是一个公益摊位，是为了给深山里那些小朋友们捐赠衣服和文具而设立的。

"没有新文具，也没有新衣服，真的有这样的小朋友吗?"想起了曾经在校门口卖偷来的草莓的黄鼠狼叔叔，狐飞飞心里有些犯嘀咕。

幸运的狐飞飞自小生长在苹果城里，他并不知道，并不是所有小朋友都像自己一样，随时有好吃的零食和好玩的玩具。

狐飞飞心想："算了算了，还是赶快去教室吧，可不能被阿默抢了先!"

这样想着，狐飞飞不再流连于这个奇怪的摊位，他加快速度，向着教室跑去。

但是，当狐飞飞气喘吁吁地跑进了教室以后，他才发现熊猫阿默已经坐在了座位上。

熊猫阿默笑眯眯地对狐飞飞说："哈哈，飞飞，虽然我只比你早了两分钟，但还是我赢了，你要给我一袋小零食哦！"

狐飞飞不服气："要不是我在门口耽误了时间，才不会输给你呢！"

但狐飞飞是一只诚实守信的小狐狸，他从包里拿出零食交给了熊猫阿默。

"给你零食，快拿去吧！"

不过，这袋零食让狐飞飞想起了校门口黄牛叔叔的话。

狐飞飞和熊猫阿默分享了自己刚刚的所见所闻。

熊猫阿默说自己也见到了那个摊位，不过因为想着要快点到教室，所以没有停留。

两个小朋友看着这袋零食，忽然就没有了把它吃下去的想法。

"阿默，你说黄牛叔叔说的是真的吗，真的会有小朋友没有零花钱，没有新文具，也吃不到好吃的零食吗？"

"我也不知道，但如果是真的，他们也太可怜了
……"

这时，上课铃响起，山羊老师一如既往地抱着课
本走进了教室。不过，和往常不同的是，今天山羊老
师的身后跟着一位瘦瘦小小的新朋友。

山羊老师清了清嗓子："同学们早上好。今天，
我要向大家介绍一位新同学。"

讲台下的同学们纷纷好奇地讨论着新同学的到来，
山羊老师也笑着将新同学领到了讲台上："同学们，
这是猴跳跳同学，接下来的一个月，跳跳会和大家一
起学习，一起进步，你们也要多多帮助跳跳适应新的
环境。大家一起欢迎新同学的到来！"

同学们纷纷鼓起了掌，讲台上的猴跳跳害羞得脸
都红了起来。

"跳跳，别害羞，大家都很喜欢你，快来介绍一
下自己吧。"山羊老师温柔地鼓励着。

"大……大家好！我叫猴跳跳，我的家在大山里，以后的日子，还请大家多多关照……"猴跳跳怯生生地说。

山羊老师把猴跳跳的座位安排在了狐飞飞和熊猫阿默的旁边。

狐飞飞好奇地望着猴跳跳，他发现这位新同学又瘦又小，他的书包上打了两个十分显眼的补丁，但是出乎意料的干净整洁，他的文具盒表面已经褪了色，一看就知道用了很久。

113

狐飞飞想起了猴跳跳的介绍，他说自己的家在大山里，原来他就是黄牛叔叔口中那些困难的小朋友之一。

狐飞飞愧疚地审视自己，他发现自己的文具从来不会使用超过两个月，刚买不久的书包也已经用得脏兮兮了。

下课后，作为班上的活跃分子，狐飞飞蹦蹦跳跳地来到猴跳跳面前。

"跳跳你好，我是狐飞飞，我们交个朋友吧！"

猴跳跳开心地笑起来："你好，飞飞。很高兴你愿意和我做朋友，你是我在班里认识的第一个朋友。"

狐飞飞有心了解更多猴跳跳的故事，于是他问："跳跳，大山里是什么样的啊，和苹果城有什么不同？"

"当然有很大的不同啦。这里四处都是高楼大厦，到了夜晚，灯也不会熄灭。而在我们大山上，大家住的都是树屋，到了夜晚就变得十分安静……"猴跳跳向狐飞飞讲述着大山里的故事。

在猴跳跳的讲述中，狐飞飞了解到，原来在大山里真的有一些小朋友生活困难，猴跳跳经常把钱攒下来，捐给其他更困难的小朋友。这也是他不换新文具，书包上也打着补丁的原因。

听了猴跳跳的话，狐飞飞思考了许久。

放学后，熊猫阿默拉着狐飞飞走进了他们最喜欢的文具店，看到一款很漂亮的钢笔，两个小朋友都很喜欢。

熊猫阿默决定买一支，但他发现，平时最喜欢收集漂亮文具的狐飞飞竟然迟迟没有动作。

"飞飞，你不打算买这支钢笔吗？你平常不是最喜欢收集文具了嘛？"阿默疑惑地问道。

狐飞飞回答道："你看，跳跳用了那么久的文具，还在继续用，他是想把省下来的钱捐给有困难的小朋友。我的文具已经够用了，我也可以把买新钢笔的钱省下来，去帮助那些有困难的小朋友。"

115

听了狐飞飞的话，熊猫阿默也放下了手中的钢笔。

"你说得对，飞飞。我和你一起，把这笔省下来的钱捐给大山里的小朋友吧！"

"太好啦！我们一起努力吧！"

因为熊猫阿默和狐飞飞的努力，金苹果树悄悄结出了两颗大大的金苹果，更加枝繁叶茂了……

爱心捐赠活动

狐飞飞自从决定帮助大山里的孩子们以后，就将每天省下来的零花钱，专门攒进一个存钱罐里，等待着有一天能攒够钱，捐给那些需要的孩子们。

可是狐飞飞再怎么节省，一个人攒的钱也远远不够。他想让每一个小朋友都拥有新文具、新书包，也想给他们自己爱吃的苹果糖。

山羊老师将狐飞飞的心思都看在眼里。

一天，山羊老师在下课后叫住了狐飞飞："飞飞，听说你一直在存钱，是想要帮助猴跳跳，还有其他大山里的孩子们吗？"

"是的，山羊老师，我正在努力攒钱呢！"狐飞飞回答道，"可是，我自己的力量很有限，到现在也没有攒下太多钱……"

狐飞飞想到还空着大半的存钱罐，默默叹了一口气。

山羊老师笑了笑，说："飞飞别急，这也是我正在考虑的一件事。积少成多，聚沙成塔，你的力量虽然有限，但大家一起努力，就会变得不同。"

"不如，我们利用周五宣讲的机会，动员班级甚至是全校的同学，以爱心捐赠的方式，做一个捐赠活动。你觉得怎么样?"

117

狐飞飞认真思考了一会儿，说："山羊老师，这真是个好主意!"

狐飞飞很高兴。这样一来，他一直担心的问题就可以解决了。

转眼到了周五。

在山羊老师和其他老师的帮助下，狐飞飞在学校的大礼堂里，为同学们做了一次有关爱心捐赠的宣讲。

狐飞飞将猴跳跳的故事讲给了大家，又给大家展示了大山里的照片，希望能让同学们意识到山里小朋友们的困难。

宣讲结束后，小动物们被狐飞飞的话打动了，他们纷纷来到捐赠箱前，力所能及地捐出了自己的零花钱。

狐飞飞也没有想到捐赠活动这么顺利。他看着小朋友们一个一个地，将钱放进捐赠箱里，他感到前所未有的感动。

捐赠活动结束后，山羊老师来到演讲台上，宣布了这笔捐款的使用方式。

"同学们，经过我和其他老师的清点，大家一共捐献了 2 000 多元。我代替大山里的孩子们感谢大家的爱心相助！我们决定用这些钱买课本和文具，以资助山里的孩子们学习。"

狐飞飞也来到讲台上，向大家郑重地鞠了一躬，收获了台下的学生们雷鸣般的掌声……

　　距离爱心捐赠活动已经过去了很长一段时间，狐飞飞每天都盼望着课本和文具能早点送给大山里的孩子们。

　　这一天，山羊老师拿着一封信找到狐飞飞。

　　"飞飞，咱们上次捐书的山区小学，给你寄了一封信，你快看看！"山羊老师高兴地说。

　　"真的吗，真的是山区小学寄来的信吗？"狐飞飞接过这封信，小心翼翼又满怀期待地撕开了信封。

　　信里写着："亲爱的狐飞飞同学，山区小学已经收到了你们寄来的课本和文具，很感谢你组织了这次爱心捐献活动。我们希望邀请你和山羊老师，共同参观我们的学校。"

119

　　狐飞飞开心极了，山区小学不但收到了他们捐赠的课本和文具，还邀请他去参观新校区！他开心地摇起了火红的狐狸尾巴。

　　山羊老师笑着对狐飞飞说："飞飞，如果你同意去山区小学，我来负责和你的爸爸妈妈沟通！"

　　"太好啦！谢谢山羊老师！"

山羊老师说服了狐爸爸和狐妈妈，带着狐飞飞前往山区小学。

去往山区小学的盘山路十分崎岖，山羊老师和狐飞飞坐了很久的车，才终于到了山区小学的门口。

刚下车，狐飞飞就看到一位高大魁梧的大象叔叔向他们走来。

"山羊老师，狐飞飞，你们好！我是山区小学的大象老师，很高兴两位能够来到我们学校做客。在此我代表全校师生感谢贵校的慷慨相助。"

"我先带你们参观一下我们的学校吧！"

山羊老师和狐飞飞跟在大象老师身后，将整个学校都参观了一遍。

山区小学的操场并不大，却平整干净；教学楼并不高，却时常能传来小朋友们清亮的读书声。

大象老师还邀请山羊老师和狐飞飞到教学楼前合影留念。

"大象老师，你们的山区小学很漂亮！"参观之后，狐飞飞对大象老师说。

大象老师骄傲地笑起来："谢谢飞飞的夸奖。不过，这也要感谢大家给我们的帮助。有人请来施工队，为我们的教学楼和操场进行翻修；有人为我们安装了热水装置，让孩子们在冬天也可以喝上热水；还有你们为我们的孩子们捐献了文具和课本，让孩子们的学习更加快乐。"

"要再次感谢贵校的爱心捐赠活动，真的帮了我们很大的忙！"

在回去的路上，狐飞飞心里暖暖的。

原来除了森林中心小学，还有这么多人愿意帮助山里的孩子们健康成长。

世界真美好啊！